放送禁止

長江俊和

角川ホラー文庫
19518

目次

はじめに

事実を積み重ねることが、必ずしも真実に結びつくとは限らない。

テレビメディアが誕生して、半世紀以上が過ぎた。現在では、NHKと主要キー局5局で、早朝から深夜まで途切れることなく番組が放送され続けている。これにBS（衛星放送）やCS（ケーブルテレビ）等の局を加えると、一日に数百もの番組が流されていることになる。

それらの番組は、DVD化され二次使用される一部の人気番組を除き、そのほとんどが1、2回放送されるだけで、放送後はテープ倉庫に保管される。

テレビ局には、放送を終えた番組の完パケ（テロップや音楽、効果音が入った番組が完成した状態、完全パッケージの略称）の他に、素材テープと言われる、編集される前の段階のテープも保存されている。素材テープは、番組が完成し放送が終了すると消去されることが多いのだが、社会的な関心の高いニュースや情報番組のものは、残される場合もあるのだ。テレビが放送を始めてから約50年の間に放送された番組の完パケテープや、ニュースや情報番組の素材テープなどを合わせると、テレビ局の倉庫には、数え切れないほどのテープが保管されていることになる。

それだけではない。テレビ局には、制作されたが、何らかの理由で放送されなかった番組の完パケ、あるいは制作途中で中止となった番組の素材テープも数多く保管されている。番組は完成したが、放送が見送られたバラエティー番組。有名俳優をキャスティングして撮影したが、放送されることなく倉庫に眠っている2時間ドラマ。長期にわたって取材したにもかかわらず、中止となったドキュメンタリーの素材テープ。それらのテープは、〝お蔵入り〟と呼ばれ、日の目を見ることなく、半永久的にテープ倉庫の片隅に眠り続けている。

なぜ放送されることがなかったのか？　そこには様々な理由がある。「放送直前に出演者が不祥事や刑事事件を起こした」「番組の中で、社会的に不適切な発言や描写があった」「番組収録中にスタッフや出演者の死亡事故などがあった」「原作者が完成した番組を事前に見て、放送を許可しなかった」「番組のクオリティが低く視聴率が期待できないと判断された」。中には、なぜその番組が放送禁止となったのか、責任者の異動などにより、理由がわからなくなっているものもあるという。

日本全国のテレビ局のテープ倉庫に眠っている〝放送禁止〟となったテレビ番組。

そこには、日夜休むことなく放送され続けているテレビ番組の、もう一つの伝えたかった、そして永遠に伝えることの出来ない、〝真実〟が隠されている。

呪われた大家族

NO．230409
大家族特番　埼玉県所沢《ところざわ》市三上《みかみ》町・浦《うら》家
取材日程2002年5月9日から7月15日
制作会社　××放送企画
取材ディレクター　M・T（××放送企画）
テープ本数　ベータカムテープ　55本
（※このルポルタージュは担当ディレクターMの取材メモをもとに再構成した）

2002年5月9日

関越《かんえつ》自動車道を所沢インターで降りる。午前5時50分、取材用のワゴン車は料金所を出て、国道463号線を所沢方面に向かう。

国道を走り始めると、すぐに前を走っていた青いシビックがハザードを出して停車した。イヤな予感は的中、渋滞が発生している。

「三上町まで、後どれぐらいかかりますかね」

ワゴン車の後部座席から、ドライバーに声をかける。運転しているのは、バイカー系のサングラスをかけた長髪の若い男性である。今日のロケ車輛《しゃりょう》は、いつも契約している車輛会社に頼んだものだが、ドライバーとは初対面だ。

「結構混んでますからね。20、30分かかるかもしれませんね」

見た目とは違い、そのドライバーは丁寧な口調で答えた。助手席に乗っているカメラマンのHさんや、最後部でジュラケースなどの機材に囲まれているVE（ビデオエンジニア）のY君は熟睡している。

約束の時間に遅れるかもしれない。少し焦る。携帯電話を取り出して、今から取材に伺う浦家の父、敬一郎《けいいちろう》さんに連絡、到着までもう少し時間がかかるかもしれないと状況を説明する。

約束の時間まで後5分に迫った。午前6時10分、ワゴン車は浦家のある所沢市三上町付近に到着する。国道から一本路地を入ると、小さな中華料理店の脇にある空き地に、ワゴン車を滑り込ませた。浦家の周辺は道が狭く車が入って行けない。カメラや三脚などの機材を降ろして、50mほど先にある浦家まで徒歩で向かうことにした。ドライバーは車輛で待機。Hさんはカメラを担ぎ、Y君とそれ以外の機材を持って、住宅街の狭い路地に入る。

板塀に囲まれた、幅1mほどしかない狭い路地を駆け足で進んで行くと、浦家が見えてきた。木造二戸建て、築50年以上は経っているかと思われる家屋。腕時計を見ると、午前6時18分。約束の時間から、3分ほど遅れてしまった。家の前では、5、6歳ぐらいの小さな二人の子供が立っている。二人とも兄弟のおさがりを着ているのだろう、サイズの合わないだぼだぼな、色あせたジャージを着ている。浦家の四女の檸檬《れもん》ちゃんと四男の団《だん》くんである。

「お母さん、テレビの人来たよ!」

カメラ機材を担いだ取材スタッフを発見するや否や、二人は慌てて家の中に入ってゆく。どうやら、我々を待ち構えていたらしい。

〈おじゃまします〉

檸檬ちゃんと団くんに続いて門の中へ。玄関外には子供たちの自転車や三輪車、キックボードなどが数台、乱雑に置かれている。

〈失礼しま〜す〉

そう言いながら、玄関の引き戸を開ける。

「あ、おはようございます」

台所から、薄紫色のジャージを着た母、司《つかさ》さんが出迎えてくれる。父の敬一郎さんは、すでに他の子供たちと一緒に庭で待っているとのこと。早速、スタッフとともに庭へ向かう。

VTRが回る。午前6時30分収録開始。ラジカセからラジオ体操のイントロが流れてくる。

〈腕を前から上げて、大きく背伸びの運動から〜〉

おなじみのラジオ体操の音楽が広い庭全体に聞こえている。

カメラは、庭で勢揃いしてラジオ体操をする一家を映す。

「いち、に、さん、し、ご、ろく、しち、はち……」

ニコニコと満面の笑みを浮かべている敬一郎さんを中心に、家族らは声を揃えて元気よく身体を動かしている。

〈背筋を十分に伸ばしましょう、手足の運動～〉

三男四女9人の大家族である浦さん一家。ラジオ体操のリズムに乗って体操する一家の面々を、カメラはアップでとらえる。撮影初日のためだからなのか？　子供たちはカメラが近寄ってくると、緊張のあまり顔がこわばったり、照れ笑いを浮かべている。

雨の日以外はほぼ毎日、家族そろってラジオ体操で朝を迎えるという。笑顔あふれるラジオ体操の風景は、明るい大家族を表現するのに持って来いのシチュエーションだ。

今回、我々が取材している浦家のドキュメンタリーは、8月に放送される「大家族スペシャル」という、ゴールデンタイムの2時間の特別番組で放送される。浦家以外も紹介される予定で、他のスタッフが日本の各地に飛び、色んな大家族の取材を行っている。正味20分ほどの内容なのだが、ゴールデンタイムの放送ということで気が抜けない。その点、今回は期待できそうだ。浦家は家族みんなに笑顔があふれていて、明るく楽しい大家族の映像が撮れそうだからである。

ラジオ体操の後は家族揃っての朝食。一家総出で支度に取りかかっている。浦家の家長、敬一郎さんの方針で、なるべく家族は一緒に食事を摂《と》ろうということらしい。番組的にもその方が好都合だ。去年取材した岡山の豆腐屋の大家族は、家族それぞれが忙しくてタイミングが合わず、食事風景を撮影するのに苦労した記憶がある。

わずか六畳ほどの浦家の居間。小さな子供たちが、昨晩の残り物のコロッケやゆで卵、沢庵《たくあん》などが載せられた大皿をガチャガチャと並べている。台所では母の司さんが炊飯器から炊きあがったばかりのご飯を茶碗《ちゃわん》に盛り、ガスコンロの前では、セーラー服姿の長女、林檎《りんご》さんが味噌汁《みそしる》をよそい、子供たちに手渡している。大家族ならではの流れ作業だ。

〈いつもこうやって、みんな手伝ってるんですか？〉

年季の入ったエプロン姿の司さんにカメラが向く。8人もの子供を産んだとは思えない、ほっそりした印象の女性である。42歳にしては若く見える。

「うん。上の子たち大きくなってきてるし、色々と手伝ってくれるから結構楽になった」

笑顔で司さんは、質問に答えてくれた。鍋《なべ》をコンロにかけ煮物を作っているのが、次女の蜜柑《みかん》さんだ。丸顔の高校二年生。林檎さんとは違う高校に通っており、白いカーディガンの制服を着ている。

〈蜜柑ちゃん。それは何ですか？〉

「お肉の佃煮《つくだに》です。お父さんは肉が好きなんで、お父さんだけの特別メニュー」

くりくりとした目で、カメラの方を見て話す蜜柑さん。

〈朝から、お肉ですか？〉

「はい、朝からです……お父さんの大好物なので」

まだカメラに慣れていないのか？　たどたどしい口調で答える。

午前7時。料理は全て食卓に並べられ、家族揃っての朝食が始まる。

「いただきまーす」

父、敬一郎さんのかけ声。子供たちも元気よく「いただきまーす」と声を出し、ガツガツと食べ始めた。

しばらく朝食風景を撮影――

「やっぱり家族一緒にね、体操したりご飯食べたり、いつもみんな一緒っていうのが、浦家のモットーです」

人懐っこい笑顔で語る浦家の父、敬一郎さん。46歳。スポーツ刈りの浅黒い顔。ラジオ体操の時と同じ、緑色のジャージ姿のままだ。事前取材の時も着ていたので、このジャージが敬一郎さんの定番の服なのだろう。腕のいい大工として知られていたが、2年前にはしごから転落、足に大怪我を負い、現在仕事を休んでいる。気のいい下町の大工さんといった雰囲気の人物である。

その右隣に座っている長女の林檎さんにカメラが向けられる。細面で長い髪の高校三年生。大学の進学を希望しており、目下受験勉強中。

その隣には次女の蜜柑さん。17歳。スポーツ万能で、テニス部に所属している。

胸ボタンを三つ外した学ラン姿で、ご飯を頬張っているのが長男の豪毅《ごうき》くん。野球選手を目指す16歳の高校一年生である。

リボンとオーバーオールの色を、黄色であわせたツインテールのおしゃれな女の子、三女の梨枝《りえ》ちゃんは9歳の小学三年生。とてもシャイな性格。

髪を耳まで刈り上げ、紫のチェックのシャツを着た次男の隆太《りゅうた》くんは8歳、小学二年生である。とてもマンガが大好きだとか。

明るくカメラに向かってピースする、四女の檸檬ちゃんはまだ6歳。おさげ髪にジーンズ地のシャツが可愛い。

司さんの隣で甘えている、青い園児服の5歳の末っ子、団くん。箸《はし》を持つ手もおぼつかない。

そして、もう一人の家族。斑《まだら》模様の猫、エンリケが敬一郎さんの膝元《ひざもと》で、肉の佃煮をおねだりしている。

　休業中の父の代わりに、母の司さんが仕事に家事に、9人の大所帯を支えている浦さん一家。隣の団くんにご飯を食べさせている司さんに、再びカメラを向け、質問してみた。

〈家計の方はどうされてるんですか？〉

「今は私の方がパートに出て、それで何とかやってますね」

〈大変ですよね、家族がいっぱいいるから〉

「しょうがないですね。まだみんな子供だし。まあ、そのうち恩返ししてくれるから」

　笑いながら答える司さん。

　今度は敬一郎さんにカメラを向ける。

〈仕事の復帰については、目処《めど》は立っているんでしょうか？〉

「いや、ホント早く治したいんです。仕事やりたいんですけどね……」

〈その分、奥さん頑張ってますよね〉

「ほんとありがたいと思ってますよ。まあね、しょうがない、これぱっかりは……。悔しいですね。でもこうやって家族みんなの顔を見ることが、何よりの救いですね。みんなが元気でいれば、いいです。それが一番ですよ」

パートで9人もの大所帯の生計を立て家事もこなし、浦家を支える母。一日も早く仕事への復帰を願う父。にぎやかで楽しそうな大家族の裏側にも、深刻なドラマが見え隠れしている。

午前8時過ぎ。司さんはパート先のスーパーに出勤。林檎さん、蜜柑さん、豪毅くん、隆太くん、梨枝ちゃんもそれぞれの学校に登校した。その後、敬一郎さんは檸檬ちゃんと団くんを幼稚園に送りに出て、さっきまで大騒ぎだった浦家は無人となる。その間を利用して我々取材スタッフは家の外観を撮影。車輌《しゃりょう》移動して駅前などの所沢市の風景を撮った後、近くのファミリーレストランで昼食を摂ることにした。カメラマンのHさんと、VEのY君とはおよそ半年ぶりの仕事である。Hさんは5年ほどの付き合いで、信頼のおけるカメラマンだ。食事をしながら、今日の撮影スケジュールなどを打ち合わせする。

今回、浦家の取材スタッフの編制は、ディレクターである自分と、カメラマン、VE、ドライバーの4人体制だ。こういったドキュメンタリー取材の場合、他にもカメラアシスタントやアシスタントディレクター、場合によっては照明や録音などのスタッフも参加することもある。だが、大家族の取材の場合、一般の家庭にお邪魔するので、なるべくスタッフの人数は最小限にとどめた方が都合がいい。自分もスタッフが少ない方が、小回りが利いてやりやすい。

午後2時。再び浦家へ。

玄関先まで来ると、家の中から子供が大きく泣き叫ぶ声が聞こえてきた。

〈回して回して〉

とっさに、Hさんに指示する。言われるまでもなく、すでにHさんはカメラを構えていた。Y君も慌てて音声ミキサーのコネクターをカメラに差し込んでいる。一体、何が起こったのか？　考えている暇はない。ドキュメンタリーは瞬間が勝負である。カメラが起動したことを確認すると、玄関の引き戸を開け、家の中に入って行く。泣き叫ぶ子供の声が家中に響き渡っている。だが、玄関や台所には人の姿はない。激しい子供の泣き声は、すぐ右側の階段の方から聞こえてくる。泣き声に向かって、階段を上って行く。

浦家では、2階の六畳と四畳半の和室を、間の襖《ふすま》を取り外し子供部屋として使っている。カメラは階段を上ってすぐの四畳半の和室に入って行った。部屋の中では檸檬ちゃんが一人、画用紙に向かって楽しそうに絵を描いている。泣いているのは彼女ではないようだ。カメラはさらに奥の六畳に入って行く。

そこで我々は、異様な光景を目の当たりにした。

六畳間には、木製の二段ベッドが設置されている。その前で、園児服姿の末っ子の団くんが、こめかみから血を流しながら、泣き叫んでいるのである。

「痛い、痛いよ〜」

カメラはアップで、団くんの様子をとらえる。

こめかみを押さえ、泣いている団くん。

〈団くん、大丈夫？〉

問いかけると、更に激しく泣き出した。

《ドンドンドンドン》

階下より階段を駆け上る音がする。敬一郎さんが救急箱を持ってやって来た。泣き叫んでいる団くんの前に座り込む。「わかった、わかった」と言いながら、救急箱からガーゼを取り出し、怪我の手当てを始めた。

〈団くん、どうしたの？〉

もう一度質問するが、団くんは答えず泣きじゃくったままだ。代わりに敬一郎さんが答えた。

「幼稚園の帰りに公園で遊んでて、ちょっと目を離した隙に転んだんですよ」

檸檬ちゃんは隣の部屋で、我関せずとお絵描きを続けている。

午後5時過ぎ、司さんがパートを終え帰宅する。大きく膨れあがったエコバックを抱えている。夕食の支度を開始。林檎さんも蜜柑さんもまだ帰ってきていない。一人で台所にいる司さんにカメラを向ける。

〈今日の夕飯は何ですか？〉

「カレーです。うち人数多いんで、カレーだと簡単で、手っ取り早いんで」

エコバックから、たまねぎやジャガイモを取り出し、皮をむき始める。9人前のカレーとあって、かなりの量の食材が並んでいる。

「ほとんどうちのスーパーの見切り品なんです。店長がいい人で、ただ同然で安く分けて貰《もら》って。家族が多いと食費もバカにならないから、助かるんですよ」

6時を過ぎると、子供たちが次々と帰ってきた。6時30分、豪毅くんが部活を終えて帰宅、家族が全員揃う。銘々の皿にカレーライスが盛られ、大皿に鶏《とり》の唐揚げ、キャベツのサラダなどが食卓に並び、浦家の夕食が始まる。

「福神漬け、いる人？」

蜜柑さんが下の子供たちに福神漬けを分け与えている。楽しく会話している兄妹《きょうだい》たち。しかし、頭に怪我をした団くんだけは、カレーにほとんど手をつけていない。

「団、今日元気ないね」

林檎さんが声をかける。しかし、怪我をしたショックが大きいのか、無言のまま所在なげに林檎さんの方を見つめている。団くんにカメラを向け、声をかけた。

〈団くん、怪我はどう、大丈夫？〉

カメラの方を、ジーッと見る団くん。しばらく考えて一言。

「痛い」

そうつぶやくと、唇をとがらせスプーンでカレーをつつき始めた。隣の司さんが、カメラに向かって言う。

「なんか、最近うちの家族、怪我が多いんですよ。その前は、檸檬が痣《あざ》になるぐらい目のまわり腫《は》らして」

黙々とカレーを食べている檸檬ちゃんに聞いてみる。

〈どこで、怪我したの？〉

一瞬、大きな目を見開いて、表情が固まる檸檬ちゃん。少し考えて、

「知らない」

と言ってカレーを口に運ぶ。

「どっかで転んだんだよな。檸檬」

暗くなった食卓の雰囲気を変えようと、明るい口調で敬一郎さんが声をかけた。

その後しばらく夕食風景を撮影。

夕食後、浦さん夫婦は、居間の奥にある仏間に入って行った。我々スタッフも、カメラを回しながら、後に続く。鉦《かね》を鳴らし、ロウソクと線香が灯《とも》された仏壇に手を合わせる敬一郎さんと司さん。カメラは、仏壇に飾ってある一人の少年の写真をアップでとらえる。

実は去年の夏、浦さん夫婦は子供を亡くしていた。三男の鷹治《たかはる》くん。当時9歳だった。鷹治くんは、学校の帰りに行方不明となり、翌日近くの河川敷から変わり果てた姿で発見された。夫婦にとって思い出したくない悲劇。しかし決して忘れることは出来ない。その時のことを敬一郎さんは、こう語る。

「あれからもう、1年になるんですけどもね……。学校から帰ってこないんですよ。それでそのまま、次の日に学校の近くの川で見つかったんですよね。警察によりますと、足滑らしたんじゃないかって言うんですけどね」

しんみりと語る敬一郎さん。いつもの陽気さはない。司さんは毎日かかさず、9歳という若さでこの世を去った息子のために、仏壇に手を合わせているという。

「兄弟の中では一番明るくて、みんなを常に笑わせるみたいな、元気な子だったんです」

司さんの目頭は熱くなり、うっすらと光るものが浮かんでいる。

「お父さんも怪我するし、子供たちもホント続けて、よく怪我をするし……。それから、お父さんの具合もあんまり良くないんですよ。不幸が立て続けに起こっている。そんな気がしちゃって、怖いんです」

ここ最近、体調が芳しくないという敬一郎さん。高熱で寝込むこともあり、そのことが仕事復帰を妨げている大きな要因でもあるらしい。

「……まあ人生ね、そういう時もあるじゃないですか。リズムっていうか、そういう時期かなって思いますよね。まあそれをみんなでね、こんな時にこそやっぱり力合わせて乗り切って行かなきゃなってね、つくづく思いますけどね」

午後10時、我々取材スタッフは家を離れ、近くの中華料理店で遅い夕食。しかし、これで撮影は終わったわけではない。その後戻って、夜の浦家の外景を撮る。しばらく車輌で待機。午前0時30分頃、子供たちが寝静まったのを見計らって家に向かう。消灯している浦家の2階。眠っている子供たちの様子を撮影。

六畳の和室にある二段ベッドで、梨枝ちゃんと檸檬ちゃんが熟睡している。畳に敷かれた布団の上では、隆太くんや団くんがすやすやと眠っている。昼間の喧噪《けんそう》が嘘のようだ。カメラは隣の四畳半の部屋に入って行く。敷かれた二つの布団。一つの布団の上では、パジャマ姿の蜜柑さんが寝息をたてていた。もう片方の布団は無人である。

カメラ、部屋の奥の勉強机を映す。デスクライト一つの灯りの中、林檎さんが真剣な表情で机に向かっていた。子供たちを起こさぬよう、声を落として林檎さんに話しかける。

〈遅くまで、頑張ってますね〉

「みんなが寝静まったこの時間が、一番勉強がはかどるんです」

〈どんな大学を目指しているんですか？〉

「私の家、ホントに家計が苦しいんで。お父さんも仕事してないし。だから、なるべく学費がかからないように、国立の大学を目指して勉強してます」

声を潜めながらも、てきぱきと受け答えする林檎さん。学年でも上位の成績で、高校の担任教師も国立大学は夢ではないと太鼓判を押す程の秀才だという。

〈どんな学部に入ろうと思っていますか？〉

「薬学部です」

〈なぜ薬学部？〉

「お母さんが看護師をやっていた関係もあるんだと思うんですけど、お父さんを楽にしてあげたいと思ってるんで、頑張ります」

子供部屋の撮影を終え、スタッフは1階の居間に下りて行った。時刻は既に深夜1

時を回っている。司さんはまだ起きて取材に立ち会ってくれており、豪毅くんも、庭で素振りしているという。庭の方へ行ってみる。

外に出ると庭の方から、激しい息づかいが聞こえてきた。Y君がバッテリーライトを点《つ》ける。カメラは、物干し竿の脇《ざお》で素振りしている豪毅くんをとらえた。夜遅くだというのに、力一杯バットを振っている豪毅くん。ニューヨークヤンキースの松井秀《まついひで》喜《き》選手に憧《あこが》れている。松井選手のようなスラッガーになるべく、毎日深夜まで素振りは欠かさないという。学校でのニックネームは〝ジャストミート〟。

本日の撮影はここで終了。最後まで起きていてくれた司さんに礼を言って、取材スタッフは浦家を後にした。

深夜にまで亘《わた》ってしまったが、初日としては上出来だったと思う。元気のよいラジオ体操、家族揃っての朝食、大家族ものの定番——子供たちの可愛い寝顔も、しっかりと撮影することが出来た。大家族のVTRとしては、かなりいいものに仕上がりそうな予感がする。今後もこの調子で取材を続けたいと思う。

2002年5月10日

午前6時ごろ、浦家に到着する。今朝も庭でラジオ体操する一家の風景から、撮影は始まる。

「いち、に、さん、し、ご、ろく、しち、はち……」

昨日と同じように元気よくラジオ体操のリズムに乗って、身体を動かしている家族たち。だが、昨日と一つだけ違っている点があった。家族は9人いるはずなのに、今朝、庭に出て来ているのは8人だけである。よく見ると、昨夜、遅くまで受験勉強していた林檎さんの姿がない。

ラジオ体操が終わり、敬一郎さんに聞いてみる。

〈長女の林檎ちゃんは、どうされました？〉

「まだ寝てるのか？」

敬一郎さんが、司さんに聞く。

「なんか、昨日勉強で遅かったみたい」

敬一郎さんが笑いながら、カメラの方に視線を向けて言う。

「まだ寝てます」

「いただきます」

元気な子供たちの声が居間中に響き渡る。ラジオ体操の後は、にぎやかな朝食風景の撮影である。

朝食が始まって5分ほど経った頃、あわてて階段をかけ下りる足音がした。制服に着替えた林檎さんが居間に入ってくる。

「ごめんなさい」

焦った様子で、林檎さんは自分の席に着いた。

「おはよう」

笑顔で林檎さんを迎える家族たち。林檎さんの顔には、寝坊してバツの悪い笑みが浮かんでいる。「いただきます」と両手を合わせ、林檎さんも食べ始めた。

そのまま、しばらく朝食の様子を撮り続ける。猫のエンリケが外に出たいのか、縁側でサッシの引き戸に爪を立てている。至って普通の日常。ほのぼのとした大家族の朝食の風景。

だが、この後我々スタッフは予想だにしなかった、とんでもない場面に遭遇する。

敬一郎さんが、隣でご飯を食べている林檎さんに語りかける。

「どうしたの、昨夜《ゆうべ》も遅かったの」

何気ない父の言葉に、林檎さんが笑顔で答える。

「夜遅くまで勉強してたから、朝起きられなかったんだ」

「そうか……あんまり無理しないようにな。身体壊すから」

「うん」

「どうだ成績は」

「うん……ぼちぼち。とりあえずお金無いから。国立大行けるように考えてるから」

「そうか」

うれしそうに笑う敬一郎さん。

二人の会話は終わり、黙々と朝食を摂る家族たち。納豆をかき混ぜながら、味噌汁《みそしる》をすすりながら、ご飯を口いっぱい頬張りながら、何気ない会話を楽しむ大家族。だがその時、その穏やかな日常が壊れた。

「何やっとんじゃ、お前は！」

突然、怒号とともに、敬一郎さんが手を上げ、隣の林檎さんの頬を力任せに叩《たた》きつけた。

一瞬で、家族から言葉が消える。

「おい、こら!!」

食卓のトマトや沢庵《たくあん》を林檎さんに投げつけ、立ち上がる敬一郎さん。慌てて司さんが止めようとするが、

「やかましい、引っ込んでろお前は！」

激しい物音とともに、突き飛ばされた。再び敬一郎さんは、林檎さんに向き直ると、

「何やっとんじゃお前！」

そう言って再び、林檎さんの頬を、バンッと平手で張る。畳の上に身体ごと倒れ込む林檎さん。隣にいる蜜柑さんは恐怖のあまり身動きできず、箸《はし》を握りしめたまま固まっている。

敬一郎さんの形相は、まるで悪鬼のごとく豹変《ひょうへん》し、先ほどまでの人懐っこい笑顔は消え失《う》せていた。

「ちょっと来い、こっちに、来い」

林檎さんの長い髪を鷲掴《わしづか》みにして、林檎さんの身体を廊下へ引っ張って行く敬一郎さん。

「入れ、ここへ！」

ものすごい剣幕で怒鳴り、林檎さんの身体を引きずりながら仏間の障子を開け、その中に押し込む。音を立てて閉まる障子。奥から二人の声が聞こえてくる。

〈何やってんだお前！〉

続いて激しく頬を張る音。林檎さんの悲鳴。

〈ごめんなさい、ごめんなさい、ごめん……きゃ〉

再び、激しく殴る音。赦《ゆる》しを乞《こ》う林檎さん。カメラは、閉じられた仏間の障子を淡々と映している。

〈みんなで一緒にやるって言ったら、一緒にやるんだよ‼〉

〈はい〉

〈わかってんのか！〉

バン！　バン！　バン！　林檎さんが殴られる音が続く。さっきとは違い、音質は鈍い音に変わっている。どうやら顔ではないようだ。身体のどこかを蹴《け》り飛ばされているらしい。

〈すみません、すみませんっ！〉

仏間の奥から響く敬一郎さんの怒号。それと交互に聞こえてくる林檎さんの叫び。

カメラのレンズは閉じられた仏間の障子から居間の方に向けられ、固唾《かたず》を呑《の》んで見ている家族の様子をとらえる。

呆然《ぼうぜん》としている家族たち、それぞれの表情。下を向き震えている蜜柑さん。困っている様子の豪毅くん。今にも泣きそうな梨枝ちゃんと檸檬ちゃん。立ちつくしている団くん。頭を抱え、身動き出来ず固まっている司さん。目から涙が、ポロポロとこぼれ落ちている。

〈わかってんのか、お前は！〉

敬一郎さんの暴行は続いている。司さんたちはまるで耐えるように、仏間からの声を聞いている。

しばらくすると音が止み、おもむろに障子が開いた。敬一郎さんと、少し遅れて片手で鼻を押さえた青白い顔の林檎さんが出てくる。何事もなかったかのように、ゆっくりと自分の席に着く敬一郎さん。林檎さんも顔を押さえながら、自分の席によろよろと座り込んだ。

林檎さんの目は涙で腫《は》れ、鼻から血が流れている。蜜柑さんが慌ててティッシュをとって、林檎さんの鼻にあてがう。敬一郎さんが林檎さんに言う。

「食べよう、食べよう」

敬一郎さんの顔からは、さっきのあの恐ろしい形相は消えている。先ほど、林檎さんを殴った時にこぼれた味噌汁の椀《わん》を司さんに差し出して、

「母さん、味噌汁」

司さんは涙を拭《ふ》き、敬一郎さんが差し出す椀を受け取る。泣きながら味噌汁をすする林檎さん。口の中も切っているのか、痛みで顔をしかめている。

再び朝食に手を付ける家族たち。

黙々と食べている。何事もなかったかのように。

しばらくして、敬一郎さんが口を開いた。

「やっぱりあれだな。家族がこうやって全員揃うのが、一番いいな」

答えを返す者は誰もいない。

「みんな一緒にいるのが、一番だよ」

カメラは、林檎さんの足下を映し出す。畳にポトポトと落ちている鼻血。その横では、エンリケが落ちた肉の佃煮《つくだに》を旨《うま》そうに食べている。

朝食後、司さんと蜜柑さんが、2階で林檎さんの応急手当て。殴られた頬のあたりが腫れている。口の中もちょっと切れていたが、大きな怪我はなく、しばらくして鼻血も止まった。

台所で朝食の片付けをしている司さんに話を聞く。

〈なんでお父さん、あんなに怒ったんでしょうか?〉

食器を洗う手が止まった。司さんの目に、涙が浮かんでいる。司さんは声を振り絞り答えた。

「ラジオ体操に、来なかったからじゃないですかね」

〈そういう理由だけで、あんな風に怒ったということですか?〉

「仕事出来ないんで、イライラしてるんじゃないですか」

司さんの目から、涙があふれ出てきた。司さんの横顔をアップでとらえているカメラ。こみ上げてくる涙が止まらないようだ。彼女にこれ以上の話を聞くことは無理だろう。インタビューはここまでとする。

午前8時過ぎ、林檎さんを含めた子供たちはそれぞれ学校に出かけ、司さんもパートに出勤した。一体なぜ、敬一郎さんは突然キレたのか？　家に一人残った敬一郎さんに聞いてみることにした。

居間で新聞を読んでいる敬一郎さんに、カメラを向ける。先ほど林檎さんに暴行を加えた時の凄《すご》みは完全になくなり、いつもどおりの人懐っこい笑みを浮かべている。

〈あの、先ほどの件についてなんですけど〉

「先ほどって」

〈林檎さんを、殴られましたよね〉

「あ、ははは、ちょっと叱っただけですよ」

〈どうして、あのようなことを？〉

「まあね、みんな一緒にいるのがね、一番いいと思うんですよ。家族揃ってね、一緒に体操して、朝ご飯食べて、それだけのことですけどね」

〈ちょっとそれにしては、厳しすぎたのかな？　と思ったんですけど〉

「そうですかね。まあね、時々やるんですけどね、その方がね、子供らにもわかってもらえると思うんですけどね」

屈託のない表情で語る、敬一郎さん。満面に笑みを浮かべて言う。

「まあ、大丈夫ですよ」

この日、我々は撮影を切り上げることにした。先ほど取材中に起こった出来事のインパクトがあまりに大きすぎたからだ。

明るく楽しい浦さん一家。元気で可愛い子供たち。仕事復帰に頑張る父、家族を支えながら奮闘する母。父を楽にしてあげたいと、国立大学を目指す秀才の長女。野球選手を目指す長男。大家族としては非常に魅力的な素材であり、感動的なドキュメンタリーになる要素を数多く秘めている。しかし今日、突然起こった出来事。さっきまで子供たちと楽しく笑っていたはずの父・敬一郎さんが、突然、何かにとり憑《つ》かれたように豹変《ひょうへん》し、ラジオ体操に参加しなかったという理由だけで娘を殴りつけた。何度も、何度も。

子供たちの怪我。三男の事故死。敬一郎さんの体調。度重なる不幸が家族の絆《きずな》までも引き裂こうとしているのか？　一体この家族には、何が起こっているのだろう？

2002年5月17日

その日は雨。

午前11時過ぎ、浦家に到着する。今日は、司さんのパートが休みの日だ。だが大家族の母は、休日でもたまった家事に追われ、ゆっくり休んでいる暇がない。今日はそんな司さんの奮闘ぶりを中心に撮影する予定である。

まずは、たまった家族たちの衣類を洗濯する様子から撮らせてもらう。風呂場《ふろば》の脱衣所。司さんは大量に積まれた家族9人分の衣類を、使い古された洗濯機の中に放り込んでゆく。

〈今日は何回ぐらい洗濯機回すんですか?〉

「う−ん? 3回ぐらいかな?」

30分後、洗濯かご一杯にあふれた第一陣の大量の洗濯物を、廊下に吊《つる》されたハンガーにかける司さん。

「天気なら庭に干せるんですけど」

パンパン洗濯物を叩《たた》きながら、手際よく家族の衣類を吊して行く。

しばらくすると、子供たちのシャツやら靴下やら、長い廊下に部屋干しのハンガーに吊された家族9人分の衣類がズラーッと並ぶ。

浦家の取材を開始してから、今日で延べ5日となる。林檎さんが殴られたあの日以来、特に変わったことは起こっていない。敬一郎さんは常にニコニコ人の好《よ》さそうな笑みを浮かべ、2階で檸檬ちゃんや団くんを遊ばせている。

3時を回ると、子供たちが学校から戻って来た。梨枝ちゃんは2階でお勉強。隆太くんは居間で人気マンガの単行本を読みふけっている。

家事が一段落した司さんが、居間にやってくる。やっと休息の一時。カメラは廊下から居間のガラス戸越しに、司さんの様子を撮影する。テーブルの上にあるダイレクトメールなどの郵便物を眺める司さん。それらは傍らでマンガに没頭している隆太くんが先程、郵便受けから持ってきたものだ。

突然、司さんが血相を変えて隆太くんに声をかけた。

「隆太、この写真どうした」

郵便物の中にある一枚の写真を隆太くんに見せる。しかし隆太くん、マンガに没頭して上の空である。

「隆太！」

さらに強い口調で隆太くんに声をかける司さん。隆太くんはマンガを読みながら、邪魔くさそうに答える。

「郵便受けに入ってた」

「捨てて来なさい」

「えー」

「いいから捨てて来なさい」

司さんが差し出した一枚の写真を受け取り、嫌々ながら、腰を上げる隆太くん。廊下に出てカメラの横を通り過ぎようとしたので、声をかける。

〈隆太くん、それ何？〉

「僕もよくわかんないんだけど……」

持っていた写真を見せてもらう。ピントがぼやけ、変色した一枚の写真。人は誰も写っておらず、古ぼけた赤い鳥居が写真の中央にある。

一体この写真は何なのか？　隆太くんから写真を預かり、司さんに聞いてみることにした。

〈あの、すみません。この写真なんですが〉

そう言いながら、司さんの傍に座り写真を差し出す。司さんは手に取ろうとはせず、複雑な表情を浮かべている。しばらくすると、ボソボソと話し始めた。

「これですね……3年ぐらい前からなんですけど、うちの郵便受けに入ってたんですよ。で、気持ち悪いじゃないですか。だから、捨てたんですけど、次の日もまたおんなじように郵便受けに入ってて」

忌まわしいものを見るかのように、写真に目をやりながら答える司さん。

「で、その次の日もまた捨てたんですけど、何回か繰り返し入って来てて、で、あんまり戻ってくるから誰かのイタズラかなんかじゃないかと思って。ほっといたら、お父さんが大怪我して……それで、すぐに破って捨てて……そしたら、しばらく来なくなったんですよ。それでちょっと安心したんですけど」

目線を落とす司さん。ちょっと間をおいて、再び語り始める。

「1年ぐらいしてから、三男の鷹治なんですけど、この写真をどっかから拾ってきて。で、すぐ捨てたんですけど……その後、鷹治があんなことに」

目線を落としたまま、しばらく黙り込む司さん。

「しばらくこの写真来なかったんで、忘れてたんですけどね」

小さなため息をつき、

「また入ってきた……」

捨てても捨てても戻ってくる、古ぼけた鳥居の写真。よく見てみると、その鳥居の台座のあたりには、不気味な青白い人間の顔のようなものが二つ、ぼんやりと写っている。

〈この写真の場所はどこでしょうか？　どこか、知ってる場所ですか？〉

「私は全然知らないですよ。いつもお参りに行く神社は、こんな鳥居じゃないですから」

〈これはどうされるんですか？〉

「捨てますよ」

そう言うと司さんは、大きくため息をついた。

「でも、また戻ってくるかも……」

《ガタ、ガタ、ガタ、ガタ、ガタ、ガタン！》

その時突然、何かが激しく転げ落ちる音がした。物音は、廊下の奥の階段から聞こえてくる。

ハッとする司さん。慌てて、階段の方へ走った。カメラも司さんを追う。

廊下の階段の下、三女の梨枝ちゃんが倒れている。

「梨枝、梨枝！」

そう言いながら、司さんは梨枝ちゃんの方に駆け寄った。遅れて2階からドタドタと敬一郎さんが降りてくる。司さんは叫ぶように敬一郎さんに言う。

「どうしたの⁉」

「え、わかんないよ」

「何で！」

頭を抱え込み、呻《うめ》いている梨枝ちゃん。敬一郎さんが居間に行き、電話で119番に連絡する。その後、梨枝ちゃんは到着した救急車に乗り、病院に向かった。

我々も家を出て、車輛《しゃりょう》に乗り込んだ。梨枝ちゃんと付き添いの敬一郎さんらが乗った救急車の後を追って、病院に到着する。梨枝ちゃんが搬送された病院は、三上町から車で15分ぐらいの距離にある県立の総合病院。病院内では撮影は遠慮して欲しいと言われた。敷地外から病院の建物の風景だけ撮影する。

病院に着いて40分ほどした頃、敬一郎さんから携帯に連絡が入った。処置した医師の診断によると、CTスキャンなどで検査した結果、特に大きな異常は見られないとのことらしい。頭部には内出血もなく、手足の麻痺《まひ》なども見られない。病院で少し様子を見たら、今日中に家に戻れるという。大事に至らなくてほっとする。

午後7時過ぎ。頭に包帯を巻いた梨枝ちゃんが、敬一郎さんに連れられて帰宅する。普通に歩けて話せるが、どことなく元気がない様子。食欲もないとのことなので、すぐに2階に行き、早めに就寝する。

夕食後、夫婦に事故の経緯などについて聞く。

〈病院でどういう診断をされたんでしょうか〉

居間の大きな卓袱台《ちゃぶだい》の前に、敬一郎さんと司さんだけが座っている。神妙な面持ちで敬一郎さんが答える。

「軽い脳震盪《のうしんとう》、命に別状は無いという感じだったんですけど」

〈事故当時、2階はどういう状況だったんですか？〉

「私は子供を遊ばせてたんです。梨枝は横で宿題をやってて、でもちょっと目を離した隙に、いなかったんですよ。下に降りたのかなと思って、そしたらドスンと音がして。落ちたんですよね」

〈何で、落ちたんですかね？〉

「階段踏み外したんじゃないですか」

さっきから何か言いたげに、モゾモゾしていた司さんが口を開く。

「写真の祟《たた》りなのかな……あんまり思いたくないけど」

ちょっと呆《あき》れた感じで、敬一郎さんが言う。

「そんなバカなことがあるかよ」

「だって、みんなが怪我してるのに」

「何言ってるんだ。そんなことないよ」

イライラした感じの敬一郎さん。司さんもいつになく強い口調で言い返す。

「お父さんだって怪我したでしょ。私は恐ろしくてしょうがないよ」

珍しく口答えした司さんに対し、敬一郎さんは黙り込んでしまった。

何か、思い詰めたような司さんの眼差《まなざ》し。


一人、暗い台所にいる司さん。

鳥居の写真を念入りに破き、ゴミ箱に捨てている。

突然の父親のドメスティックバイオレンスに続いて、不気味な心霊写真。楽しく愉快な大家族のドキュメンタリーにしたいのだが、当初思い描いていたものと、全く違った方向に向かっている気がする。大丈夫か？

2002年5月22日

昼過ぎ、2階の子供部屋で檸檬ちゃんと団くんが、仲良くお絵描きしている。

ござの上に寝そべり、色とりどりのクレヨンを使って、画用紙に絵を描いている。

〈檸檬ちゃん、何描いてるの？〉

「家族の絵描いてるの」

画用紙に描かれた、数人の男女の絵。それぞれ〝ママ〟〝れもん〟〝りんご〟など、クレヨンで名前が書いてある。

〈誰を描いているの？〉

「ママ、わたし、おねえちゃん、おねえちゃん、おにいちゃん」

〈パパはいないの？〉

「いないよ」

〈どうして？〉

「もうすぐいなくなるから」

〈なんで？〉

ちょっと困った表情を浮かべる檸檬ちゃん。しばらく考えた挙句。

「ひみつ」

小声でそう言うと、画用紙の絵に色を塗り始めた。今度は、団くんに声をかける。

〈団くんは何描いているの？〉

「おばけの絵」

カメラは、団くんの手元の画用紙をアップで映す。団くんが描いていたもの。

それは、赤と茶色のクレヨンで描かれた……鳥居の絵。

さらに、団くんの画用紙の脇にあるものを見て、我が目を疑った。あの不気味な鳥居の写真が置かれている……。先日、司さんがビリビリに破ったはずのあの写真。団くんは、これを手本に、画用紙に鳥居の絵を描いていたのだ。

〈その写真どうしたの？〉

「道路でひろった」

檸檬ちゃんも口を揃えて言う。

「おうちの前でひろったの」

2002年5月25日

取材を開始してから今日で8日目。その日は、ある人物が浦家を訪れるというので、我々も取材に伺うことにした。

午後2時。約束通りの時間にその人物が浦家にやって来た。

玄関口で司さんがその訪問客を出迎える様子を撮影する。白いスーツにきちんと化粧をした、50歳ぐらいのふっくらした中年女性である。大きな真珠のネックレスが印象的だ。その女性には、浦家でテレビの取材が行われていることを、前もって伝えてもらっているので、カメラを向けても驚く様子はない。というか、かなりカメラ慣れしており、堂々としている。

司さんは、女性を奥の仏間に通した。来客用の湯飲みで茶を出し、少し世間話をする。上品な物腰で話す女性。それとは対照的に、司さんはいささか緊張した面持ちである。

「それでは、早速視てみましょうか」

「はい」

茶箪笥の引き出しの中から、写真を取り出す司さん。数日前、檸檬ちゃんと団くんが家の前で拾った、あの鳥居の写真である。座机《すわりづくえ》の上にその写真が置かれる。写真を手に取るわけでもなく、女性はジーッとその写真を見つめている。女性の表情をアップでとらえるカメラ。ゆっくりと右手をかかげ、その写真に手をかざす女性。その姿勢のまま目を閉じて、瞑想《めいそう》に入った。

彼女の名は、峰紫苑《みねしおん》さん。心霊写真の鑑定や悪霊祓《ばら》いなどの除霊を手がける、いわゆる霊能力者である。

司さんは、捨てても捨てても戻ってくる不気味な写真と、家族の身に降りかかってくる不幸な出来事がどうしても切り離せなかった。そこで知り合いのツテを辿《たど》って、霊能力者に写真を視てもらうことにしたのだ。

瞑想が始まってから1分が経過する。おもむろに峰さんが口を開いた。

「これはちょっと強力です」

重々しい声で語る峰さん。その言葉にたじろぎ、思わず司さんが問いかけた。

「じゃあ、何かした方がいいということですか？」

「そうですね」

はっきりとした口調で、峰さんは言葉を続ける。

「この写真はこの家に取り憑《つ》いていますよ。捨てても捨てても戻ってきて、この家に災いを起こすでしょう」

「一体どうすればいいんですか？」

「浄霊をお勧めします。私が視させていただいた中でも、この写真はかなりきつい方のレベルです。早急に何とかしないと、皆様の身に色々なことが降りかかってくると思いますので」

夕方6時。敬一郎さんが帰宅する。

実はこの日、敬一郎さんは仕事仲間の事務所の開店祝いに出掛けていた。司さんは、夫がいない日を見計らって、峰さんを家に呼んだのである。敬一郎さんは幽霊や祟りなどの話は、頑《かたく》なに信じていなかった。霊能者の話など耳を貸さないだろうと、司さんは夫には内緒で峰さんに連絡を取っていたのだ。だが峰さんの言うような、大がかりな浄霊をこの家で行うとなると、隠しておくわけにはいかない。

子供たちが寝静まった夜遅く、司さんは敬一郎さんに思い切って相談してみることにした。

「ねえお父さん。今日ね、お祓いの人が来たんだ」

「ん」

居間で一人、新聞を読んでいる夫に、司さんは声をかけた。

「あの写真視てもらったんだけど、このままにしておくのは良くないって」

洟《はな》をすすりながら、敬一郎さんは答えない。

「お祓いしといた方がいいって」

「お祓いって、高くつくんだろ。うちにそんな余裕あんの？」

「余裕はないけど、このままにしとくと良くないよね。あんまり気味が悪いからさ。ねえお父さん。私もう鷹治の時みたいなこと、嫌だから」

思いつめた表情で話す司さん。敬一郎さんは新聞に目を落としたまま、しばらく黙り込んでいる。だが。

「鷹治のことは言うなって！」

突然、敬一郎さんは激高した。司さんに持っていた新聞を投げつけ、怒鳴る。

「お前ら、勝手にやれ！」

立ち上がり、居間の襖《ふすま》を力一杯閉めて出て行く。司さんは、新聞が投げつけられた姿勢のまま、固まっている。

その後、カメラは2階へ上る。

眠っている子供たちの様子——。林檎さんは相変わらず、角の勉強部屋で勉強している。手元には薬学の参考書。熱心にそれをノートに書き写している。

庭では、豪毅くんがバット片手に素振りの練習。

「ジャストミート！　ジャストミート！」

そう叫びながら素振りする豪毅くん。周囲に飛び散る汗。その眼差《まなざ》しは、憧《あこが》れのメジャーリーグを夢みて、爛々《らんらん》と輝いている。

2002年5月28日

道路は比較的空《す》いており、到着予定の9時より30分ほど早く浦家に着いた。今日は、除霊が行われる日である。家族全員揃ってお祓いを受けるようにと言う峰さんからの指示により、子供たちは学校を休み勢揃いしている。だが、やはり敬一郎さんの姿は

そこにはない。司さんに聞いてみると、

「お祓いなんか、勝手にやれって怒って出て行っちゃった」

10時過ぎ、峰さんが浦家に到着した。弟子のような若い男性が、人の背丈ほどはあるロウソク立てや祭壇などの道具を、奥の仏間に運び込んでいる。

11時、仏間のセッティングが完了する。廊下のカーテンが閉められ、薄暗くなった部屋にロウソクの灯《あか》りが煌々《こうこう》と灯《とも》された。柱から柱へ結びつけられた荒縄に、沢山の白い紙で幾重にも折られた垂《しで》が吊《つる》され、持ち込まれた赤絨毯《じゅうたん》の上には、香が薫《た》かれた本格的な祭壇が設置されている。祭壇には果物やスルメなどの供物や御神酒《おみき》、塩や榊《さかき》などが供えられ、香の脇には、あの鳥居の写真がある。

司さんが7人の子供たちを呼び寄せ、祭壇の前に正座させた。祭壇側から見て、右から司さん、林檎さん、蜜柑さん、豪毅くん。後ろの列には、梨枝ちゃん、団くん、檸檬ちゃん、隆太くん。年長の子供たちは、厳《おごそ》かな雰囲気に大人しく座っている。だが檸檬ちゃんや団くんなどまだ小さな子供は、いつもの仏間が見慣れない光景に変わっていることにはしゃいでいた。

白装束に着替えた峰さんが、大きな数珠《じゅず》と経典を持って入ってくる。はしゃいでいた子供たちも、峰さんが入ってきた途端、静かになった。祭壇の正面に座る峰さん。

「皆様、それでは始めさせていただきます」

神妙な面持ちで、ずらりと並んだ浦家の面々に語りかける。

「これから行うことを、決して怖がらずに、目を瞑《つぶ》って拝んでいってくださいませ。それでは始めたいと思います」

脇に置いてあった鉦《かね》を手に取り、ジャラジャラと鳴らし始める峰さん。悪霊祓いが始まった。

「摩訶般若波羅蜜多心経《まかはんにゃはらみったしんぎょう》、観自在菩薩《かんじざいぼさつ》。行深般若波羅蜜多時《ぎょうじんはんにゃはらみったじ》。照見五蘊皆空《しょうけんごうんかいくう》。度一切《どいっさい》苦厄《くやく》。舎利子《しゃりし》」

目を大きく開いて、峰さんが般若心経を唱え始めた。ロウソクの灯りの中、目を閉じ、じっと正座している司さんと7人の子供たち。そんな異様な光景を、カメラは撮影する。大家族の取材は今まで何度か経験はあるが、大家族の悪霊祓《ばら》いの撮影は初めてだ。

除霊が始まって1時間あまりが経過した頃である。異変が起こった。

目を瞑ったまま、じっとお祓いを受けている家族たち。だが、長女の林檎さんの様子がおかしい。身体が前後にゆらゆらと揺れ、やがて何やら呻《うめ》き始めた。林檎さんの異変を察知したのか、峰さんの鉦とお経のリズムが速くなった。どんどん激しさを増していく。

「遠離《おんり》一切《いっさい》顛倒夢《てんどうむ》想《そう》。究竟涅《くぎょうね》槃《はん》。三世《さんぜ》諸仏《しょぶつ》。依《え》般若波《はんにゃは》羅《ら》蜜多《みった》故《こ》。得阿《とくあ》耨多《のくた》羅《ら》三藐三菩《さんみゃくさんぼ》提《だい》」

激しい鉦と経のリズムに反応し、苦悶《くもん》の表情を浮かべる林檎さん。さらに般若心経は激しくなり、峰さんの額に大粒の汗がにじむ。

「故知《こち》般若波《はんにゃは》羅《ら》蜜多《みった》。是《ぜ》大神呪《だいじんしゅ》。是《ぜ》大明呪《だいみょうしゅ》。是《ぜ》無上呪《むじょうしゅ》。是《ぜ》無《む》等等呪《とうどうしゅ》。能除一切苦《のうじょいっさいく》」

さらに鉦と経のリズムは激しさを増す。林檎さんの苦しみが最高潮に達し、

「ぎゃ〜〜」

と絶叫して、その場に倒れてしまう。

「黙れ！」

そう叫ぶと、峰さんはすかさず立ち上がった。鉦をならしながら、畳の上でもがき苦しんでいる林檎さんの方に歩み寄って行く。

林檎さんの突然の異変にとまどう司さんと蜜柑さん。下の子供たちも、姉の変貌《へんぼう》ぶりに驚き、畳の上でのたうち回る林檎さんの様子を凝視している。

「真実不虚《しんじつふこ》。故説《こせつ》般若波《はんにゃは》羅《ら》蜜多《みった》呪《しゅ》。即説呪曰《そくせつしゅわつ》。羯諦羯諦《ぎゃていぎゃてい》。波羅《はら》羯諦《ぎゃてい》。波羅《はら》僧羯諦《そうぎゃてい》」

「ぎえ〜〜」

この世のものとは思えない奇声を発する林檎さん。激しく頭をかきむしり始めた。

「出てけ！」

苦しみ続ける林檎さんに鉦を突きつけ、経を唱える峰さん。そんな林檎さんの様子を、司さんや兄妹《きょうだい》たち家族は、固唾《かたず》を呑《の》んで見つめている。

「摩訶般若波羅蜜多心経！　摩訶般若波羅蜜多心経！　摩訶般若波羅蜜多心経！」

まるで林檎さんと格闘するかのように、峰さんは鉦を鳴らし続ける。そして、畳の上で苦悶したまま、林檎さんはやがて意識を失った。

林檎さんが気を失ったまま、除霊は続けられた。

除霊開始から3時間あまりが経過。峰さんは経を読むのを止めて、鉦を脇に置いた。

そして倒れている林檎さんに声をかける。

「林檎ちゃん」

返事はない。司さんが、林檎さんの肩を揺さぶる。気を失ったまま、反応はない。

だが何度か司さんが肩を揺らすと、ゆっくりと林檎さんの目が開いた。あたりを見渡しながら起き上がる。

「林檎ちゃん。大丈夫ですか？」

一瞬、とまどいの表情を見せる林檎さん。だが、なんとか気を取り直して答える。

「……はい」

林檎さんの意識が戻ったことを確認すると、峰さんは司さんの方に視線を送り、

「では」

そう言うと、祭壇に置いてあった写真を手に取った。香の中に写真を投げ入れる。端の方からゆらゆらと燃えていく鳥居の写真。やがて炎の中で、燃え尽きてしまう。写真が完全に灰になったのを見届けると、峰さんは、家族の方に向き直りこう告げた。

「はい。それでは、この家とご家族の皆様の悪霊は、これで全て退散しました」

「ありがとうございました」

ほっとしたように礼を言うと、司さんは深々と頭を下げた。

除霊後すぐ、はじめて悪霊祓いを体験した感想を、家族のみんなに聞いてみた。

母の司さん。

「びっくりしちゃって。ちょっと何も言えない」

除霊中、もがき苦しんでいた長女の林檎さん。

「何かすごく身体がだるくて疲れてます。でも何が起きたのか、全然覚えていない」

三女の梨枝ちゃん。

「すごい怖かった。いつもお姉ちゃんは大声なんて出さないのに、苦しそうに叫んで

た」

四男の団くん。

「お姉ちゃんが苦しそうにしてたので、なんか心配で心配でね、なんか困っちゃった」

〈団くんは大丈夫だった？〉

「大丈夫」

霊能力者の峰紫苑さんにも、除霊後のコメントを貰《もら》う。

「家族の人数が多かったので、追い払うのにかなりエネルギーを使いました。この家族に多くの災いをもたらした根源は、あの鳥居の写真で間違いありませんでした。鳥居が出入り口となって、無数の悪霊が家と家族に取り憑《つ》き、数々の不幸をもたらしていたのです」

〈では、もうこの家では災いは起こらない、ということなのでしょうか？〉

「写真は焼いてしまったので、大丈夫だと思いますけど。今日のお祓いにお父さんがいらっしゃらなかった、この除霊に参加していただけなかったということで、ちょっとそのことだけが気になっています。充分に、気をつけて欲しいものだと思います」

2002年6月4日

1週間ぶりに、我々は浦さん宅を訪れてみた。

「いち、に、さん、し、ご、ろく、しち、はち……」

午前6時30分。庭にはいつものように家族全員が揃って、ラジオ体操が行われていた。明るい笑顔で、快活に身体を動かしている子供たち。その中心には元気に体操しているあの敬一郎さんの姿があった。

ラジオ体操の後は、いつものように朝食の支度が始まる。司さんや林檎さん、蜜柑さんは台所に入って行った。隆太くんや梨枝ちゃん、檸檬ちゃんらは居間でおもちゃのラッパを鳴らしながら騒いでいる。縁側で、エンリケとじゃれ合う敬一郎さんにカメラを向ける。

〈どうですか、今朝の調子は?〉

「わりといいですね。ここ最近、体調の方すごくいい感じなんですよ。もうちょっとしたら、仕事に戻れるかもしれません」

相変わらずの人懐っこい笑顔で、敬一郎さんは答えてくれた。

台所に行くと、司さんらが朝食の準備にとりかかっている。コンロの上で肉の佃煮《つくだに》を煮ている林檎さんに、司さんが声をかける。

「お父さんの佃煮出来た」

「うん」

「隠し味は」

手元の瓶に入った白い粉を、肉の佃煮に入れる林檎さん。

「OK、ばっちり」

隣で卵をゆでていた蜜柑さん、鍋《なべ》の方をのぞき込んで一言。

「もう少し入れた方がいいんじゃない」

妹の指示に従い、林檎さんは隠し味の調味料を少しつぎ足した。お父さんのための特別メニューに腕をふるう娘たち。取材も10日目になると、カメラを意識することなく、素の家族の表情を撮影することが出来る。

食卓に料理が全て並べられる。家族揃っての朝食。「いただきます」の声とともに、大皿に盛られた目ざしやゆで卵を口いっぱいに頬張る子供たち。敬一郎さんも、林檎さん特製の大好物の肉の佃煮に舌鼓を打っている。猫のエンリケも敬一郎さんにすり寄ってきて肉の佃煮をおねだり。そんな光景を見ていた団くんも思わず、

「お父さん、僕も牛肉食べたい」

敬一郎さんに肉の佃煮をおねだりした。

「じゃあ、こっちおいで」

笑顔で、団くんを招き寄せる敬一郎さん。立ち上がり、トコトコと敬一郎さんの方へ歩いて行く団くん。敬一郎さんは、箸《はし》で肉の佃煮を一切れつまみ、団くんの口元に運ぼうとする。だがその時、

「ダメ」

強い調子で司さんが、敬一郎さんを制止した。

「子供に朝から、牛肉なんか……」

そう言いながら敬一郎さんのところへ来て、団くんの身体を抱え、席に連れ戻す。不服そうな団くんに言い聞かせる。

「お父さんはね、病気だから、体力つけないとね」

敬一郎さんも団くんに声をかけた。

「そうだな。団、大きくなってからだな」

その後、しばらく朝食風景を撮影する。和気《わき》藹々《あいあい》と食べている家族の表情。肉の佃煮をおいしそうに頬張る敬一郎さん。そして専用の皿に盛られた肉の佃煮にパクついているエンリケ。

2002年6月8日　ホームビデオ映像

週末、浦さん一家は家族でピクニックに出かけた。久しぶりに家族揃っての遠出である。我々スタッフは同行せず、代わりに家庭用のデジタルビデオカメラを渡し、その様子を撮影してもらうことにした。

三段のお重に詰めた手作りのお弁当を囲む、浦さん一家の笑顔あふれる楽しい光景。

撮影者の林檎さんが、おにぎりを口いっぱいに頬張る団くんに声をかける。

〈団、おいしい？〉

「うん」

カメラを見て、元気よくうなずく団くん。

家族で交互に撮影しあった映像――画面がぶれたりして見づらいが、スタッフがその場にいないため、家族水入らずの雰囲気はとてもよく表れている。

あの浄霊の日から1週間以上が経過していた。お祓《はら》いの効果なのか、あれから浦家では特に変わったことは起こっていないという。

次々と浦家の人々に襲いかかった不幸な出来事。しかし、このピクニックのホームビデオ映像に映った、晴れやかな家族たちの表情を見ると、彼らはその不幸を乗り越えたのではないかと思う。

2002年6月10日

これまで取材した映像を粗編集し、局のプロデューサーを交え、プレビュー（試写）が行われた。予想通り敬一郎さんの暴行シーンはカットするよう指示される。しかし、大家族の悪霊祓いの場面はインパクトが強く、割と評判が良かった。大体、欲しい画《え》は収録できた。プロデューサーと相談して、これ以上の映像は必要ないという判断が下される。よって浦家の取材はこれで終了。あとは編集作業を残すのみとなった。

2002年6月18日

昨夜遅く、新橋《しんばし》のオフライン（仮編集）編集室で作業していると、司さんから携帯に連絡が入った。相談したいことがあるので来て欲しいという。編集モニターに映っている人物から電話が来るのも、何か変な気分だ。電話では、詳しく話してくれなかったが、何やら思い詰めた様子だった。

午後2時すぎ。浦家に到着。ドアチャイムを鳴らすと、すぐに司さんが出迎えてくれた。カメラを回しながら、家の中に入る。いつもにぎやかな浦家だが、家の中に子供たちの姿はなかった。上の子たちはまだ学校に行っており、小さい子供たちも遊びに出ているという。敬一郎さんの姿も見えない。どうやら家には司さんしかいないようだ。

〈一体どうされたんですか？〉

「それが……」

言いづらそうに、一瞬言葉を濁し、

「主人が……帰ってこないんですよ」

〈帰ってこない？　いつからですか？〉

「今日で、5日目になります」

思い詰めた表情で語る司さん。

「心当たりは全部電話してみたんですけど、主人の実家にも電話してみたんですけど、知らないって」

〈何か、思い当たる原因はありますか？〉

すぐには答えず、少し考えると、

「これなんですけども……」

そう言うと司さんは、おもむろに立ち上がった。居間のテレビの上に置いてある、「あるモノ」を手に取り、こちらに差し出した。司さんから渡された「あるモノ」。それを見て、背筋にゾーッと寒気が走る。

それはお祓いの時、焼却したはずのあの鳥居の写真だった。

「また、郵便受けに入ってたんですよ」

まとわりつく蛇のように、浦家への呪縛《じゅばく》は続いていた。

その後すぐに、司さんは敬一郎さんの捜索願を警察に提出したという。


一体、敬一郎さんはどこへ消えたのか？

我々スタッフは司さんから写真を借り受け、鳥居の写真について調べることにした。

そして意外な事実が判明する。

その写真はインターネットのオカルトサイトでは、有名な心霊写真だった。さらに数年前、ある民放のテレビ番組の心霊写真コーナーにこの写真が投稿され、テレビで紹介されたという事実もわかった。

その番組のスタッフによると、放送後、日本各地からテレビで放送されたものと同様の鳥居の写真を拾ったという連絡が相次いだという。さらに、放送から半年ほどして、その番組の倉庫に保管されていたはずの鳥居の写真のオリジナルが、忽然《こつぜん》と消えてしまったというのだ。他の心霊写真はキチンと保管されていたにもかかわらず。

2002年6月20日

名古屋《なごや》で新幹線〝のぞみ〟から〝こだま〟に乗り換え、11時に岐阜羽島《ぎふはしま》駅に到着した。

改札を出て、タクシー乗り場に向かう。幸いタクシー乗り場には待ち人はおらず、空車も五、六台並んでいた。先頭の黒塗りの個人タクシーに乗る。角刈りのごま塩頭の運転手に目的地の住所が書かれたメモを渡し、その場所に行ってもらうように依頼した。

タクシーで移動中、岐阜の風景をデジタルカメラで撮影する。

初めて訪れた岐阜の街並み。このあたりは名古屋のベッドタウンということらしい。国道沿いにマンションや住宅などが建ち並んでいる。

15分ほど走ったら、運転手がタクシーを停車させた。

「このマンションだと思うんだけどね」

メモに記された住所に到着した。料金を払ってタクシーを降りると、すぐ正面にあるマンションのエントランスに向かう。鮮やかなベージュ色の10階建ての小綺麗《こぎれい》なマンション。

エレベーターを6階で降りる。目的の部屋のドアチャイムを鳴らす。しばらくしてドアが開き、紺のジーパンに半袖《はんそで》シャツ、髪を少し茶色に染めた浅黒い肌の恰幅《かっぷく》のいい中年男性が姿を現した。

松居《まつい》泉典《せんてん》さん。日本霊能者協会会長。

カメラを回しながら、部屋の中にお邪魔する。オカルトチックな肩書きとはかけ離れた、こざっぱりとしたリビング。

松居さんは、心霊写真の鑑定家としては第一人者として知られている人物である。今回ここを訪れた理由も、浦家に舞い込んできた不気味な鳥居の写真を松居さんに鑑定してもらうためだ。

早速、松居さんに鳥居の写真を見てもらうことにした。松居さんは表情をこわばらせ、独特の岐阜弁で答える。

「誰が持ってたの、これは」

〈ある家族からお借りしてきたものなんですけど〉

「あ、そう。その家族問題ない？　非常に悪い霊気が入った写真なんやけど」

〈実は、その写真持っていた家族のお父さんが、失踪《しっそう》してしまったんですが〉

写真を食い入るように見つめる松居さん。

「その方、亡くなってるんじゃない……この写真に写ってるのがね、1、2、3、4、5、6」

持っていたペンで、写真の鳥居の周辺を指し示し、

「いっぱい集まってきてる写真だから、この辺さまよってる可能性あるよ」

〈失踪したお父さんが、写真の中の鳥居の近辺をさまよってる、ということですか？〉

「うん。それで聞いたんだけど、生きてるか死んでるかって」

一体、敬一郎さんはなぜ失踪したのか？　もし松居さんの言うように、亡くなっているとしたら、彼はこの恐ろしい写真に取り込まれ、鳥居の中をさまよっているというのだろうか？

2002年7月15日

1ヶ月ぶりに、浦さん一家を訪れた。

おなじみのラジオ体操のメロディが聞こえてくる。

〈腕を前から上げて、大きく背伸びの運動から〜〉

「いち、に、さん、し、ご、ろく、しち、はち……」

庭にカメラが入って行く。元気よくラジオ体操のメロディに合わせて、身体を動かしている家族たち。だが、そこにはあの大家族のお父さん、敬一郎さんの姿はない。

あれから、依然として敬一郎さんの行方はわかっていないのだという。有力な手がかりも、いまだ家族の所には届いていない。

〈背筋を十分に伸ばしましょう、手足の運動〜〉

司さんが中心となって、元気よく体操する8人の大家族。

父の失踪以来、あの不気味な鳥居の写真が浦家に届くことは、ピタリと止んだという。さらに子供たちが怪我をすることもなくなり、不幸な出来事も起こらなくなった。1ヶ月前、突然眠るように死んだ、猫のエンリケを除いて。

父を失った大家族、浦さん一家。

その悲しみを乗り越えるためなのか、以前にも増して明るい笑顔で、意気揚々と身体を動かす子供たち。三男四女の大家族を一人で背負うことになった母、司さんの顔にも、笑みが満ちあふれている。

父の失踪を乗り越え、家族の間には新たな絆《きずな》が生まれようとしていた。

追記
この取材VTRは、放送中止となった。

放送禁止となった理由

取材対象者が失踪し、ゴールデンタイムの放送に相応しくないと判断した。

素材テープ・スクリプト（書き出しメモ）、一部抜粋

・お父さんを楽にしてあげたい。
・お父さんのための特別メニュー。
・ジャストミート。
・庭の情景。エンリケの墓。
・子供が書いた絵のクレヨン文字。
『おばけなんかいないよ』。

ストーカー地獄編

ＮＯ．３６２００５
ストーカー被害に遭っている女性の密着ドキュメンタリー
取材日程２００３年３月24日から４月15日
取材ディレクター　Ｔ・Ｄ（当時・××テレビ情報局情報ドキュメント企画部）
テープ本数　ベータカムテープ　45本　ＤＶＣテープ　30本

（※このルポルタージュは担当ディレクターＴの取材メモをもとに再構成した）

２００３年３月20日

本日、局内の会議室で筒井《つつい》令子《れいこ》氏と打ち合わせ。アップにまとめた髪、ベージュのスーツに薄化粧、色白で真面目な雰囲気の29歳の女性。新進気鋭のフリージャーナリストである。

今日は筒井氏から持ち込まれた、ストーカー被害に遭っている女性の密着ドキュメンタリー番組についての取材日程などを調整する。放送枠は、編成によると深夜のドキュメンタリー番組枠で検討中とのこと。だが撮れ高（いい映像が撮影できた場合）次第では、土曜昼の特番枠でも放送する可能性があるという。

番組構成は、ストーカー被害に遭っている女性を取材する筒井氏に、カメラが密着するという形式。女性からの目線で、ストーカー被害の恐怖や本質を浮き彫りにしたいという、こちら側の演出意図を説明する。

２００３年３月24日

〈はい、VTR回りました〉

「よろしくお願いします」

都心の住宅街の一角。

緊張した面持ちでカメラの前に立つ筒井氏が、小さなモニターに映し出されている。

「それでは、今からストーカー被害に遭っているという女性のお宅に行ってみたいと思います」

歩き出す筒井氏。カメラもその後を追う。

午後1時45分。晴天。東京都内、渋谷《しぶや》区代々木《よよぎ》の路上。筒井氏は、ストーカー被害に遭っている女性の自宅マンションへと向かった。

瀟洒《しょうしゃ》な邸宅や、高級マンションなどが建ち並ぶ代々木の街並み。数分歩くと、首都高速4号線の高架が見えてきた。その高架道路沿いに、紺色の外壁の10階建てぐらいの長細いマンションが建っている。筒井氏は、その建物に向かって行った。

マンションの前に到着する。築年数が相当経っていそうな庶民的な建物だ。筒井氏は、車が三台ぐらいしか停められそうにない駐車スペースの前で立ち止まる。そしてカメラの方を振り返ると、

「ここなんですけど」

そう言ってエントランスの方へ向かい歩き出した。カメラも筒井氏とともに中に入

って行く。

薄暗いエントランス。入ってすぐ右手には管理人室があるが、〝外出中〟の貼り紙。筒井氏によると、この管理人室には人がいた例《ためし》がないとか。管理人室の隣には、年季の入った集合ポストがある。筒井氏はその奥にある、一基しかないエレベーターの方へ向かって行く。

エレベーターの自動扉が開く。中に乗り込む筒井氏。カメラクルーも一緒にエレベーターに入る。筒井氏が4階のボタンを押した。自動扉が閉まりエレベーターが上昇する。中はかなり狭かった。室内の定員は6名と記されているが、筒井氏と我々取材スタッフ3人の計4人が乗り込むと、もう身動きがとれない。そんな窮屈な体勢でも、カメラマンはカメラを下から斜めにあおって、何とか筒井氏の表情を収めようとしている。

ドアが4階で開き、窮屈なエレベーターから解放された。4階フロアーを歩く筒井氏の後姿を、カメラが追う。左手には中階段があり、それを取り囲むような形で五つぐらいの部屋がある。筒井氏は、エレベーターを出てすぐ正面にある404号室の前まで進み、立ち止まった。一瞬、振り返ってカメラの方に視線を送り、ドアチャイムを押す。

しばらくしてドアが開き、一人の若い女性が顔を出した。筒井氏の顔を見て、ホッとしたようににっこりと微笑む。

「こんにちは」

はっきりとした目鼻立ちの細身の女性である。セミロングの髪、鮮やかな緑色のセーターにベージュのパンツがよく似合っている。センスのいい垢抜《あかぬ》けた感じの美人。彼女が今回の取材対象者、佐久間《さくま》希美《のぞみ》さんである。

カメラを回しながら希美さんの部屋の中に入って行く。玄関を入ると左手が四畳半ぐらいのダイニングキッチン、右手の奥に六畳ぐらいのリビング。その奥はシングルベッドと小さな鏡台が置かれた寝室になっている。1LDKの間取りの部屋。中は綺《き》麗《れい》に整頓《せいとん》されている。リビングの正面にはベージュの二人がけのソファがあり、その上には小豆色の可愛いクッション。所々に花が飾られ、壁には古いフランス映画の洒《しゃ》落《れ》たポスターが貼ってある。

一見、普通の一人暮らしの女性の部屋である。だが、どこか違和感があった。それは真っ昼間だというのに、カーテンが全部閉め切られているということだ。リビングの正面にある大きい窓は、黄色いカーテンが閉じられ、もう一つの小窓も、茶色いロールカーテンが下ろされている。だから、部屋の中は晴天の昼間なのに、かなり暗い印象がする。

〈よろしくお願いします〉

希美さんに声をかける。カメラを向けられ、緊張する希美さん。恥じらいながらも

「よろしくお願いします」と笑顔で返してくれた。カメラはそんな彼女の顔をアップでとらえる。

一度カメラの電源を落とし、仕切り直す。今日はまず、希美さんにカメラの前で、現在の状況などを詳しく語ってもらうことにする。カメラクルーは、インタビュー撮りのセッティングを開始。カメラに三脚を取りつけ、ライトの準備などを始めた。リビングのソファに希美さん、その横に質問者の筒井氏に座ってもらい、アングルを決める。ライトをソファのあたりに照らし光量を補正。10分ほどでセッティングは完了した。VTRを起動させ、筒井氏にOKの合図を送る。落ちついた声で、筒井氏が希美さんに問いかける。

「それでは、色々とお話をお伺いしたいんですが。以前私が聞いたことと重複する部分がかなりあると思いますが、もう一度、このカメラの前で話していただけますか」

一呼吸置いて希美さんが答える。

「わかりました」

「現在、お幾つでいらっしゃいますか？」

「26です」

「お仕事は」

「アパレル会社に勤めています」

「被害に遭っていると感じ始めたのは、いつ頃からですか？」

「そうですね……大体半年ぐらい前からですね」

「半年ぐらい前……具体的には、どんなことがあって、そう感じたんですか？」

「一番多いのが電話……無言電話なんですけど。家の電話もそうですし、携帯とかにも一日何回もかかってきたりするんですね。帰り道にも、誰かに後ろからつけられてる感じがあって、足音とかしたりするので」

自身が現在体験しているストーカー被害の実態を、切々と語り始める希美さん。そんな彼女の言葉に、筒井氏はじっと耳を傾けている。

「最近になって、家の方までその人が来るようになって、ドアをドンドン叩《たた》いたりとか、真夜中に玄関のチャイムを鳴らしたりとかするようになって。ドアの覗《のぞ》き穴から私も見るんですけど、その時にはもういなくなっている感じで。チャイムの音を聞くのが怖くて」

ストーカーに対する不安と恐怖。希美さんの言葉の中には、当事者でないとわからない、生々しい実感が込められている。

「ちょっと、これ見ていただけますか」

そう言うと、希美さんはおもむろに立ち上がった。CDラジカセや卓上カレンダーなどが置かれた整理ダンスの引き出しを開ける。その中から五、六枚の写真を取り出し筒井氏に差し出した。

「筒井さんにお見せするの初めてですよね。これがこの前、家のポストに入ってて」

数枚の写真を受け取る筒井氏。それを見た途端、彼女は声を上げた。

「なんですか、これ」

写真を手に取り、筒井氏は不快感をあらわにする。

希美さんが差し出した写真。まず一枚目は、マンションのエントランスから出てくる希美さんを隠し撮りしたものである。二枚目は、コンビニで買い物している希美さんを、店の外からガラス越しに写したもの。三枚目の写真には、出勤途中、地下鉄の駅の構内で電車を待っている希美さんが写されていた。他も全て、希美さんを隠し撮りした写真である。

「これは、全部盗撮写真ですね」

「それだけじゃないんです。裏も見てもらいたいんですけど」

写真を裏返す筒井氏。そこには、太いサインペンかマジックで手書きされた黒文字が記されている。

〝覚えてますか？〟

〝思い出して下さい〟

〝いつでもそばにいます〟

「全部なんです。写真の裏に全部、変な文字が書いてあって」

訴えかけるような眼差《まなざ》しを筒井氏に向け、希美さんは言う。写真の裏、なぐり書きされた文字をじっと見ながら、筒井氏が聞く。

「ここに『覚えてますか？』とか『思い出して下さい』とか書いてあるんですけど、お知り合いに心当たりとかってないですか」

「いえ……特にはないですね」

「例えば、昔お付き合いされていた男性とか」

「いや……」

困ったように、首をかしげる希美さん。

「特に思い当たる人は……」

少し考えて、希美さんは首を横に振った。

「そうですか……」

残念そうにそう言うと、筒井さんは写真を見て考え込んだ。

「警察とかには相談しました？」

「一度そのことで電話したことがあって、その時は親身になって聞いてくれるんですけど、やっぱり証拠というか、被害を受けているっていう……」

《ピンポ〜ン、ピンポ〜ン》

インタビューの途中、突然ドアチャイムが鳴った。

思わず、言葉を呑《の》み込む希美さん。再び——

《ピンポ〜ン、ピンポ〜ン》

筒井氏の方をチラリと見て、希美さんは口を閉ざした。筒井氏が声をかけようとしたその時。

《ドン、ドン、ドン、ドン、ドン》

今度は激しくドアを叩く音がする。ハッと身構える希美さん。金属製のドアを何度も叩く耳障りな音が、部屋中に鳴り響く。

《ドン、ドン、ドン……ドン！　ドン！　ドン！》

さっきよりも荒々しく、ドアを叩く音——

希美さんの表情が恐怖で凍り付いた。部屋の中に緊張が走る。固唾《かたず》を呑んで、希美さんの様子を見ている筒井氏。身をすくめその場にうずくまり、希美さんは怯《おび》えている。

「ちょっと見てきます」

そう言うと筒井氏は立ち上がった。恐る恐る玄関ドアの方へ向かって行く。カメラも、彼女の後ろ姿を追う。

ドアを叩く音は止んでいる。息を潜め、金属製の玄関ドアに近寄って行く筒井氏。ゆっくりとドアの覗き穴の方へ顔を近づける。カメラは、そんな彼女の様子を映している。筒井氏が、ゆっくりと覗き穴から視線を外した。カメラの方を見る。そして数回首を振って言う。

「誰もいませんね」

〈いないですか？〉

「いないですね」

カメラは、リビングにいる希美さんの方に向く。ソファの前で膝《ひざ》を抱えて、震えている希美さん。リビングに戻ってきた筒井氏が、声をかける。

「いなくなってますね」

「そうですか」

希美さんの大きな目から涙があふれ出した。膝を抱えしくしく泣き始める。希美さんの肩に、やさしく手をかける筒井氏。

「もういなくなったから。大丈夫」

涙を流しながらも、希美さんは筒井氏の言葉に小さくうなずいた。

今日はインタビューを撮るだけのつもりだった。だが偶然、ストーカーが嫌がらせする瞬間に立ち会い、その様子を（部屋の中からだけだが）カメラに収録することが出来た。

外からドアをガンガン叩かれると、かなりの迫力だった。希美さんはこの恐怖を、一人で何度も体験しているのかと思うと、とても気の毒に思う。今回の取材が、希美さんのストーカー問題を解決するに当たって、プラスになってくれればと切に願う。

2003年3月25日

翌日、局の会議室で筒井氏と打ち合わせ。今後の取材方針について、色々と話し合う。

彼女自身も、昨日のようなストーカー被害の瞬間を体験したのは、初めてだったという。

「昨日は一晩眠れませんでした。ストーカーが来た時、とても怖かったし、とても腹立たしかった。何とかして、希美さんを救ってあげたい」

希美さんのストーカーを撃退するためには、そのストーカーが誰なのか？　その正体を突き止めることが先決である。そのためには一体どうすればいいのか、二人でその方法を考える。

打ち合わせ後、そのまま筒井氏のインタビューを撮影する。番組の中で、筒井氏を
紹介するブロックに使用するための映像である。

〈フリージャーナリストということなんですが、筒井さんが現在取り組んでいるテーマは何でしょうか？〉

「ストーカー問題です」

〈今回のストーカー被害者、佐久間希美さんと知り合ったきっかけを教えてもらえますか？〉

「3ヶ月ほど前なんですけど、仕事で偶然に入ったある飲食店で、希美さんと知り合いました。私がそういった問題に取り組んでいるジャーナリストだと知ると、実は自分もストーカー被害に遭っているというので、それで希美さんの相談を受けるようになりました」

〈筒井さんが、ストーカー問題に取り組むようになった理由は？〉

「実は私の兄が、数年前にストーカー被害に遭ったんです。ある女性に付きまとわれて……。結局、兄は命を奪われてしまったんです。それで、ストーカー問題というの

が、大きな事件に発展する可能性があるということを目の当たりに感じまして……何とかこういった問題が事件になる前に未然に防いで、被害者を守ることが出来ないかと考えるようになったんです」

〈今現在取材している、佐久間希美さんについてはどう思いますか〉

「何とか救ってあげたいですね。同じ女性として卑劣なストーカーは、絶対許してはならないと思います」

筒井氏のインタビュー取材の後、我々スタッフは局を出て赤坂《あかさか》に向かった。ストーカー被害について詳しい、山田《やまだ》秀雄《ひでお》弁護士に話を聞くためである。

約束の時間より10ほど早い午後6時に、山田弁護士のオフィスに到着。軽く打ち合わせした後、カメラ機材をセッティング。午後6時15分、インタビュー開始。

〈警察庁の発表した資料によると、ストーカー事案に関する相談件数が平成12年から3倍以上に増えているんですが、これは何故でしょうか?〉

「一番大きな理由は、平成12年にストーカー規制法という法律が出来たからなんですね。これによってストーカーの被害を受けている人が、法律によって守られることがわかってですね、それで助けてもらおうということで、相談件数が増えたという理由があります」

〈ストーカーを行う人物の、男女の性別や特徴を教えてください〉

「データによると男性が加害者、女性が被害者になっているケースが多いことは事実なんですが、ただ数の上だけでは判断できないということがありますね。データの上で、男性の被害者の方が少ない理由として考えられることは、女性は被害を受けたら、すぐに助けてくださいと相談に行くパターンが多いんですが、男性の場合はストーカーの被害を受けても、女性に付きまとわれているということだけで警察に行くというのは、少し恥ずかしいという気持ちを持つ人が多いからだと思います。また経験的に言うと、男性のストーカー行為よりも、女性のストーカー行為の方が、相当質《たち》がですね、ひどい。粘着性の強いケースが多い。そういう印象を私は持ってます」

〈ストーカー加害者の年齢層については？〉

「30代の男性が加害者で20代の女性が被害者というパターンが、一番多いんですね。30代の中年にさしかかった男性が、20代の若い女性に対して、恋心とか性的好奇心を持って、しかし、なかなかその思いが遂げられない。結果としてストーカー的行為に発展するというケースが、一番典型的な例ということなんでしょうね」

2003年3月26日

希美さんのマンションで取材撮影。

卑劣なストーカーの正体と、その行為の決定的瞬間を撮影するため、マンションに隠しカメラを仕掛けることにした。

午前7時すぎ、隠しカメラのセッティングを開始する。カメラの設置場所はマンション1階のエントランスと、4階にある希美さんの部屋前廊下。小型カメラを仕掛けた、穴の空いた段ボール箱を部屋の前に置き、ストーカーがやってくるのを待ちかまえる。二台のカメラの映像を電波で飛ばし、取材用のワゴン車に設置されたビデオで収録するというシステム。ワゴン車は、マンション裏手の公園脇に停めた。

午前8時、隠しカメラの設置が完了する。筒井氏とともにワゴン車の中で待機。デッキの上に取り付けられた二台の小型モニターにはそれぞれ、1階エントランスと4階の廊下が映し出されている。

1階エントランスに仕掛けたカメラは、入口のガラス扉が正面に映るように設置した。エントランスのほぼ全景が画面の中に収まっており、人の出入りが全てチェックできる。画面の左、管理人室の横にある、入居者用の集合郵便ポストもバッチリとフレームに入っている。

4階廊下の段ボール箱の中に仕掛けたカメラ——画面の右側にはマンションの内階段、正面には希美さんの部屋のドアが映っている。ストーカーが部屋の前に来たら、このカメラでその様子を撮影することが出来る。

午前8時30分、4階廊下の映像。部屋のドアが開き希美さんが出勤する。白いショルダーバッグを肩にかけ部屋から出てくる希美さん。ドアの前に立ち鍵《かぎ》を掛ける。エレベーターの方に歩き出すと、すぐにフレームから切れた。

30秒後、1階エントランスに仕掛けたカメラのモニターに希美さんが姿を現す。エレベーターを降りて、入口に向かって歩いてゆく。ガラス扉を開けて、マンションを出て行った。

希美さんが出勤した後も、我々はワゴン車の中でストーカーの監視を続けた。希美さんが留守の間にも、ストーカーがやってくる可能性があるからだ。

午前11時、カメラを設置してから3時間が経過する。異変はない。マンションの居住者や宅配業者などが出入りするだけだ。筒井氏と我々スタッフは、交代で昼食を摂《と》ることにする。

夕方になっても、ストーカーらしき不審な人物は姿を現さない。

午後6時、希美さんが帰宅する。筒井氏とカメラクルーは希美さんの部屋へ向かった。自分はワゴン車の中に残りモニターをチェック。更にもう一台、技術スタッフに出してもらったモニターには、室内にいるカメラマンが撮影した部屋の中の様子が映し出されている。

室内の映像――

台所で夕食の支度を始める希美さん。白い抗菌まな板の上でサラダ用にトマトやレタスなどの野菜を切っている、エプロン姿の希美さんに筒井氏が声をかける。

「どうですか？　今の気分は」

「今日みたいに、皆さんが部屋にいてくれると、ちょっと安心っていうか、一人でいると、本当に怖いんで」

「スタッフが隠しカメラを仕掛けて、ずっと撮ってますけども？」

「私の中でやっぱり、証拠を摑《つか》みたいっていうのがあったので、それを警察に持って行って、事件として扱ってもらえたらと思います」

午後7時。夕食を摂る希美さん。さっき作っていたグリーンサラダと、パスタに缶詰のトマトソースをかけた簡単な夕食。

午後8時。1階エントランスのカメラ――

ガラス扉が開き、リュックを背負った男性が入ってくる。無精ひげを生やし、長髪で大柄な男。ゆっくりと、エレベーターの方に向かって行く。

4階の廊下――

男がエレベーターを降りてきた。希美さんの部屋に向かって歩いて行く。ついにストーカー出現か？　思わずモニターに身を乗り出す。しかし、男は希美さんの部屋を通り過ぎ、隣の部屋の前で立ち止まった。ポケットから鍵を取り出し部屋の中へ入って行く。男は隣室の住人だった。

午後8時40分。カメラを仕掛けてから12時間以上が経過する。住人の出入りも減ってきた。いつストーカーが現れるか？　予断は許されない。希美さんによると、ストーカーが現れる時間帯は、昼夜問わず特に法則性のようなものはないという。根気よく待つしかない。

その時である。1階エントランスを映したモニターの映像。ガラス扉を開けて一人の男性が入ってきた。

黒いジャンパーにジーンズ姿。体型は中肉中背というよりは、どちらかというと小柄な方だ。キャップを頭に目深に被《かぶ》り、白い衛生マスクで顔を隠している。年の頃なら三十前後といったところだろうか。ポケットに手を突っ込み、管理人室を覗き込んでいる。無人であることを確認すると、辺りを注意深く見回した。ゆっくりと歩き出し、集合ポストの前にかがみ込む。希美さんの郵便受けを物色し始めた。間違いない、この男だ。すぐに携帯電話を取り、部屋の中にいる筒井氏に連絡する。

希美さんの部屋——

携帯が着信し、バイブ音が響く。リビングで雑誌を読んでいた希美さんが、ハッと顔を上げる。隣にいた筒井氏が、ポケットから携帯電話を取り出した。

「はい、もしもし……わかりました」

携帯電話を切る筒井氏。希美さんに向かって言う。

「現れたみたいです」

その言葉を聞いて、希美さんの顔色が変わった。カメラは、不安げな彼女の表情をアップでとらえる。

郵便受けを物色していた男は、ゆっくりと立ち上がった。何事もなかったかのようにエレベーターがある方向に歩き出す。フレームから男の姿が消えた。

4階廊下の映像。しばらくすると、ガタンとエレベーターが到着する音がして、男が画面の中に姿を現した。ポケットに片手を突っ込みながらゆっくり歩いてくる。希美さんの部屋の前で立ち止まった。キョロキョロと辺りを見渡している。人の気配がないことを確かめると、ドアチャイムに手をかけた。

《ピンポ〜ン、ピンポ〜ン》

部屋中に鳴り響くチャイムの音。

希美さんの表情は、恐怖に凍り付いている。傍らに寄り添っていた筒井氏が、希美さんの手を強く握りしめた。チャイムの音に怯《おび》える希美さんの顔に、カメラが向けられる。

モニター画面に映る、薄暗い廊下。希美さんの部屋の前にストーカー男が佇《たたず》んでいる。ドアに顔を近づけ、中の様子をうかがっている男。再び周囲を見渡し、誰もいないことを確かめると、またドアチャイムを押した。
《ピンポ〜ン、ピンポ〜ン》
俯《うつむ》いたまま、希美さんは身動き一つしない。まるで何か拷問に耐えているかのようだ。チャイムは止むことなく、ずっと鳴り続けている。震えている希美さんの身体を庇《かば》いながら、筒井氏も固唾《かたず》を呑《の》む。
執拗《しつよう》にドアチャイムを押し続ける男。しばらくすると、その手が止まった。今度は身体をかがめ、ドアの覗《のぞ》き穴を覗き込んだ。部屋の灯《あか》りが点《つ》いているかどうか、確認しているのだろう。男は顔を上げると、ちらっと背後を振り返った。周囲に人の気配はない。ドアに向き直ると、男は握り拳をドアに叩《たた》きつけた。
《ドン、ドン、ドン》
ドアを叩く金属音。廊下中に反響している。
《ドン、ドン、ドン、ドン、ドン》
激しくドアを叩き続ける男。
部屋の中に響く、ドアを叩く音。必死に耐えている希美さん。

《ドン、ドン、ドン、ドン、ドン！》

音はいつまで経っても鳴りやまない。両手で耳をふさぐ希美さん。

《ドン、ドン、ドン、ドン、ドン！》

耳に突き刺さる金属音。

思わず筒井氏が立ち上がる。玄関の方に向かって行く。カメラも、筒井氏を追う。

ドアの前まで来た彼女。恐る恐るドアに近寄ろうとすると、

《開けろ！》

突然、男が声を張り上げた。ドアの外から、ストーカー男の怒鳴り声が聞こえてくる。後ずさりする筒井氏。

《開けろ、開けろよ!!》

恐怖のあまり、その場に立ちすくむ筒井氏。男の怒号とともに、ドアノブがガチャガチャと音を立てる。小さく悲鳴を上げる希美さん。

《開けろ！　開けろよ！》

ドアノブを乱暴に回しているストーカー男。鍵《かぎ》が掛かっているため、ドアは開かない。男は再び、ドアを激しく叩き始めた。

《開けろ！　開けろ！　開けろって言ってるだろ!!》

しばらく怒鳴り続けると、男は急に黙り込んだ。反応が返ってこないドアを、じっと見ている。力任せにドアを蹴《け》りつけた。踵《きびす》を返して、エレベーターの方に去って行くストーカー男。画面から男の姿が消える。

部屋の中――希美さんは頭を抱え、ぶるぶると震えている。男の怒鳴り声とドアを叩く音は止まった。ドアの前で立ちすくんでいる筒井氏。恐る恐るドアの覗き穴に、顔を近寄せる。廊下に誰もいないことを知る。

「ちょっと見てきますね」

希美さんの方を見てそう言うと、恐る恐る施錠を外し、ゆっくりとドアノブに手をかける。

4階の隠しカメラの映像。部屋のドアが開き、筒井氏がそーっと顔を出す。辺りを注意深く見渡し、男の姿がないことを確かめると、エレベーターの方に歩き出した。

室内の映像。部屋の片隅で、希美さんは嗚咽《おえつ》の声を上げている。ストーカーの恐怖に震え、すすり泣く彼女の表情――その大きな目から、ボロボロと涙がこぼれ落ちていた。

1階エントランスのカメラ。エレベーターから降りてきた男が小走りにやってくる。集合ポストの前で、一旦《いったん》立ち止まると、ジャンパーのポケットから何か取り出した。希美さんの郵便受けにそれを入れて、そそくさと入口のガラス扉の方に向かう。

男が去って行く。自分もハンディカメラを手に、ワゴン車から飛び出した。

マンションのエントランスに入ると、丁度、エレベーターから降りてきた筒井氏と合流する。彼女にこう告げる。

「出て行きました。まだ外にいます」

筒井氏は入り口の方に駆け出す。

ハンディカメラを彼女に向けたまま、自分もマンションを出た。

マンションの表、住宅街の道――

時刻はもうすぐ、夜9時になろうとしている。周囲は暗く、ほとんど人通りはない。20m程先の街灯の辺りに、足早に歩いているストーカー男を発見する。ハンディカメラを、男の背中に向ける。尾行がバレないように、男との距離を保って追跡する。

しばらく男は住宅街の道を歩くと、小さな商店街に入って行った。店のほとんどはシャッターが閉まり、帰宅するサラリーマンやOLたちが歩いている。その間を、かき分けるように進んでゆく男。一定の距離を保って、筒井氏とともに男の背後を歩く。駅が見えてきた。小田急《おだきゅう》線の代々木上原《よよぎうえはら》駅だ。男は切符を買って、改札の中に入って行った。我々も男を追って駅の中に入る。

ホームに着くと、すぐに電車がやって来た。新宿《しんじゅく》方向の各駅停車である。ドアが開き、電車に飛び乗る男。尾行していることを悟られないように、我々も別の車両のドアから乗り込む。

10分ほどして、電車は新宿駅に到着した。

電車を降りると男は、改札を出て繁華街がある新宿通りの方へ歩いてゆく。ネオンが眩《まばゆ》い新宿の夜の雑踏。大勢の通行人が行き交っている。その中を行くストーカー男を、しばらく追跡する。

新宿通りの人混みの中、四谷《よつや》方面に向かって歩く男。通行人に遮られ、カメラは男の姿をとらえることが出来ない。男は一瞬、家電量販店の前で立ち止まると、量販店の手前にある路地に入っていった。

「あれ、曲がりました？」

そう言うと筒井氏も、男を追って路地の方に向かおうとする。だが雑踏の中、思うように身動きがとれない。

人混みをかき分け、なんとか路地の中に入るが、もうそこには男の姿はなかった。慌てて走り出す筒井氏。カメラを向けたまま、その後を追う。

伊《い》勢《せ》丹《たん》の方までやってくるが、男はどこにもいない。周囲を見渡す筒井氏。だが彼の姿はない。ストーカー男は、新宿の雑踏の中に消えてしまった。彼女は悔しそうな表情を浮かべ、カメラを見て言う。

「いませんね。見失っちゃいました」

2003年3月27日

翌日、筒井氏と我々取材スタッフは希美さんの部屋を訪れた。

昨日撮影した隠しカメラの映像を、希美さんに確認してもらうために、ビデオカメラと部屋にある20インチぐらいのテレビをコードで接続する。テレビの画面に昨日の映像が大きく映し出された。

テレビ画面――4階廊下の隠しカメラがとらえた映像。希美さんの部屋の前に歩いて来るストーカー男。辺りは暗く、モニターの輝度を上げているため、画質は粗い。

ザラザラした映像が、ストーカー男の不気味さを一層際だたせている。

ストーカー男、辺りをチラッと気にして、ドアチャイムに手をかけた。


テレビ画面の中の男がチャイムを鳴らした瞬間。希美さんは嫌悪の表情を浮かべる。

カメラクルーは、テレビ画面をじっと見ている希美さんにカメラを向け、その表情を撮影する。横で一緒に画面を見ている筒井氏が、希美さんに質問する。

「この、画面に映っている男に見覚えはありませんか」

身を乗り出し、画面を凝視する希美さん。首をかしげながら、

「……顔はよく見えないので、わからないですね」

画面は暗く、鮮明とは言えない隠しカメラの映像。更に男は衛生マスクをしているので、顔の判別は難しかった。

「何でもいいんですけど、この男を見て何か思い当たることとか、ないですか？」

じっと画面に映ったストーカー男を見る希美さん。少し考えて言う。

「特には……ありませんね」

「そうですか……」

筒井氏は、テーブルの上にある茶封筒を手に取った。

「これは昨日、男が希美さんの郵便受けに入れていったものですよね」

「はい……」

「中は見ましたか？」

「いえ」

筒井氏は、持っていた茶封筒を差し出した。表情を曇らせながら、それを受け取る希美さん。恐る恐る中身を取り出す。

「きゃっ！」

思わずテーブルの上に投げ出した。茶封筒の中身は、数枚の写真である。

「どうしました」

筒井氏が開く。テーブルに投げ出された写真。それは、仲むつまじい30代ぐらいの男性とショートカットの若い女性のカップルを写したスナップ写真だった。公園で腕を組んでいる写真や、どこかの部屋で頬を寄せ合っているものもある。写真を覗き込みながら筒井氏が言う。

「この写真の女性、希美さんですよね」

その問いかけに答えず、希美さんは写真から目を背けている。かなり動揺しているようだ。髪が短いのですぐにはわからなかったが、よく見るとカップルの女性は確かに希美さんである。女性は髪型が違うだけで、別人に見える。写真を裏返す。前に投《とう》函《かん》されたものと同じ太いマジックで、〝思い出せ〟〝覚えていますか〟となぐり書きの文字が記されていた。

「一緒に写っている方って、お知り合いですよね？」

少し考えると、希美さんはカメラの方に視線を送り、

「すいません、ちょっとカメラ止めてもらってもいいですか？」

そう告げると、立ち上がって寝室の方へ行ってしまった。筒井氏が言う。

「わかりました。じゃあ一旦《いったん》テープ止めてもらえますか」

そう促され、カメラマンはカメラを肩から下ろし床に置く。しかし、テープは回ったままで収録は続いていた。こんな風に、カメラマンの判断で録画を止めたフリをして、撮影を続けることはドキュメンタリー取材の現場では多々あることだ。

床に置かれたカメラの映像。

画面の下半分は、フローリングの床しか映されていない。しかし画面の左隅——寝室のベッドの上に座って動揺を静めようとしている希美さんの姿が、フレームの中に収められている。

ゆっくりと立ち上がる筒井氏、寝室に入り希美さんの隣に座った。二人の様子を、遠くから撮影しているカメラ。筒井氏が希美さんに声をかける。

「ごめんなさいね」

「いえ」

「私たち希美さんの力になりたいんです。あんなひどいことされて絶対に許せない。何とか解決してあげたいって思うの。だから話してくれませんか？　あの男性のこと」

しばらく黙っている希美さん。

「希美さんにとって不利なことは絶対に口外しません。私を信じてください」

説得し続ける筒井氏。希美さんは黙ったまま、筒井氏の言葉をじっと聞いている。

やがて小さくうなずくと、か細い声で話し始める。

「3年ぐらい前に付き合っていた人で、仕事で知り合ったんですけど……」

写真の男性について語り出す希美さん。

「付き合ってしばらくして、彼に奥さんがいることがわかって。で、すぐに別れたんです」

下を向いたまま、ぼそぼそとした声で、希美さんは言葉を続ける。

「でもすごくしつこい人で、電話が頻繁にかかってきたりとか、ひどい時には一日にメールが20回来たりとかしてて、相手にしないようにしていたら、家の周りをうろつくようになって、気持ちが悪いので、今の部屋に引っ越しをしたんです」

窓を背負った逆光気味の映像。カメラを近づける訳にはいかないので、その表情はわかりづらい。だが、か細い声の様子から彼女の心情は伝わってくる。

筒井氏が質問する。

「昔付き合っていた彼が、隠しカメラに映ったストーカーだと知ってどう思いました」

「まさか……まさかと思いました」

「ストーカーが映ったビデオは、警察に証拠として提出しますか？」

「知り合いだったので、すぐに警察に行こうとは思ってないです」

「でもこのままじゃ、ストーカー行為はエスカレートするばかりだと思うんですけど」

「ええ……」

黙り込んでしまう希美さん。筒井氏も口を閉ざした。

希美さんは、警察には行きたくないという。一体どうすれば、ストーカー男の行為を止めさせることが出来るのか？

その日は取材を終え、局に戻った。今まで収録した映像をチェックする。奇妙なことに気がつく。

ストーカー男が郵便受けに残していった数枚の写真。よく見ると、左右に反転しているのである。例えば、地下鉄の駅で電車を待つ希美さんの盗撮写真。駅の看板の文字が鏡に映ったように逆向きである。コンビニの看板もバス停の標示も同様である。

写真は全て裏焼きされているのだ。

昨日、男が残していった希美さんとの数枚のツーショット写真も同じく、裏焼きされたものだった。一体この事実は何を意味しているのか？

2003年3月28日

本日、精神科医、春日《かすが》武彦《たけひこ》医師にインタビュー取材。

〈ストーカーと被害者の関係について教えてください〉

「まず見ず知らずの人間がストーカー行為の加害者というケースは少ないんです。加害者はそれなりにある程度、深い付き合いがあった人。それは恋人であったり、元夫婦であったり、会社の上司であったり、あるいは学校で教える側、教えられる側、そういう風な非常に明快な関係性があったという場合が多いですね」

〈なぜストーカーは、そのような行為をするんでしょうか？〉

「ストーカーは普通、自分のことをストーカーだとは思っていません。むしろ自分は被害者であると。相手が自分を裏切ったりしたんだから、それに対していわば仕返しをしているだけだから、自分はちっとも悪くないんだと、都合よく自分を正当化をするんです。これはしばしば被害者と加害者の立場が逆転して、周りにそう見られてしまうということがあるんですね。その辺がやっかいだし怖いところだと思います」

2003年3月29日

希美さんのマンションに赴き、再び隠しカメラを取り付ける。ストーカーの正体は判明した。どうすれば希美さんに対する卑劣なストーカー行為を止めさせることが出来るのか？　筒井氏の提案で、我々はある方法を実践することにした。

午前8時、1階と4階の二ヶ所に隠しカメラをセッティングし、撮影を開始する。今日は土曜日なので、希美さん会社は休みである。筒井氏に考えがあるということなので、彼女には部屋の中で待機してもらう。

夕方を過ぎた。ストーカーは姿を現さない。この前、男が姿を現したのは夜の9時前だった。根気よく待つことにする。

午後10時。男は姿を現さない。希美さんによると、深夜遅くなってからでも、やって来ることがあるというので、そのまま撮影を続ける。

深夜2時を過ぎる。希美さんは就寝した。今日はもう、男は来ないのだろうか？

我々も一旦、引き揚げることにした。

2003年3月30日

翌日も早朝から撮影を開始する。ワゴン車の中に筒井氏と待機、監視カメラと繋《つな》がっているモニターとにらめっこし、ストーカー男の出現を待つ。

男が希美さんのマンションに現れてから、もう4日が経過している。あれから一度も男は現れてはいない。撮影していることに感付かれたのだろうか？

だが、それは杞憂《きゆう》だった。

午後3時。白昼の中、堂々と男は希美さんのマンションに現れたのである。

1階エントランスの隠しカメラが、ガラス扉を開けて入ってくる男の姿をとらえる。この前と同じ黒いキャップ、黒いジャンパーにジーンズ姿のストーカー男。内部を窺《うかが》いながら、マンションに侵入する。集合郵便ポストの前にしゃがみ込み、希美さんの郵便受けを物色。希美さんに届いた郵便物を、ポストから取り出している。

その背後。マンションのガラス扉がゆっくりと開いた。入ってきたのは筒井氏である。音を立てないようにゆっくりと郵便物を品定めしている男に近寄り、後ろから声をかけた。

「あの、ちょっとよろしいですか」

ビクッとして男は振り返った。筒井氏の姿を見ると、慌てて希美さんの郵便物をもとに戻し、ポストの扉をバタンと閉める。

「あ、はい」

そう言いながら、立ち上がる男。

「今、何してらっしゃったんですか？」

男を詰問する筒井氏。

男、少し考えると、

「いや、別に」

「実は、あなたの行為を一部始終見てたんですね」

黙ったままの男。筒井氏は言葉を続ける。

「あなたのしていることに、大変迷惑しているという女性から相談を受けまして。あなたと一度お話がしたいって、彼女が言ってるんですけど」

男は目線を外したまま答えない。更に筒井氏が言う。

「裏の公園で彼女待ってるんで」

黙り込んでいる男。返事はない。

希美さんは自分の部屋で待機している。男が申し出に応じたら、彼女を裏の公園に案内する手はずになっていた。

沈黙が20秒ほど続いた後、筒井氏が声をかける。

「じゃあ、行きましょう……」

と、ほぼ同時に男が口を開いた。

「うるせえんだよ」

ぼそっと、吐き捨てるように言う。

一瞬の沈黙、そして、

「何の権利があるんだよ！」

今度は、エントランス中に響くような怒鳴り声で叫んだ。男は、筒井氏の胸ぐらに摑《つか》みかかる。

「お前誰なんだよ!!　何でお前に、そんなこと言われなきゃいけないんだ！」

そう言って、筒井氏の身体を集合郵便ポストに叩《たた》きつけた。危ない。

ワゴン車から慌てて飛び出し、マンションへ向かう。

マンションのエントランスに到着。筒井氏は男に胸ぐらを摑まれたままである。男に向かって叫ぶ。

「ちょっと、何やってるんだよ」

筒井氏から引き離そうと、男にかけ寄る。

「なんだよお前は！」

しばらく男とのもみ合いが続く。男が叫んだ。

「あの女に言っとけ、思い出せって、思い出せって言っとけ」

そう言い放つと男は、もみ合う腕を振り払った。マンションのエントランスを飛び出して行く。集合ポストの前でうずくまっている筒井氏に声をかける。

「大丈夫ですか」

「……はい」

気丈に振る舞おうとしている。だがいつも冷静な彼女の顔は、青ざめていた。無理もない。男に襲われた恐怖で、動揺しているのだろう。その目には、うっすらと涙がにじんでいた。

2003年4月7日

佐久間希美さんの取材を始めて、2週間が経過した。

ストーカー男の正体が判明してから、彼女の精神状態は悪化している。希美さんは会社を休み、部屋に閉じこもるようになった。筒井氏によると、食事もろくに摂《と》らない生活が続いているという。

この日、我々スタッフは取材に訪れたのだが、希美さんの様子を鑑《かんが》みて、部屋には入らず、マンションの外で待機することにした。その代わり、筒井氏にハンディカメラを渡し、室内の様子を撮影してもらう。

筒井氏が撮影した希美さんの部屋——

奥の寝室。希美さんがベッドの上で膝《ひざ》を抱えてじっとしている。かなり憔悴《しょうすい》した様子である。頰がこけ、目の下にも隈《くま》が出来ている。筒井氏がカメラを回しながら声をかける。

〈大丈夫ですか〉

「はい」

力なく答える希美さん。

彼女の気を紛らわそうと、筒井氏はしばらく世間話を続ける。しかし希美さんの表情は硬い。

8日前、ストーカー男と接触した日以来、男はマンションに現れてはいない。だが、希美さんの心の状態は、日に日に悪化していく一方である。

マンションの1階エントランス。エレベーターから出てきた筒井氏をカメラはとらえる。

〈どうでした？　希美さんの様子は？〉

「このままの状態では、ちょっと心配ですね」

〈どうすれば、希美さんは立ち直ると思いますか〉

「彼女が立ち直るためには……ストーカー行為を止めてもらう他に方法はないんじゃないでしょうか」

思いつめた顔で、筒井氏はそう語った。

2003年4月8日

局の会議室で、今後の取材方針について、筒井氏と話し合う。

希美さんの問題を解決するには、どうすればいいのか？

我々が撮影した映像を証拠として警察に持って行けば、ストーカー男を法で裁くことが出来るかもしれない。しかし、警察に行くことを希美さんが拒否している以上、我々スタッフも無理強いは出来ない。

打開策が見出《みいだ》せない。しばらく沈黙した後、筒井氏が口を開いた。

「あの男にもう一度会って、説得する以外ないんじゃないでしょうか」

実は筒井氏は、希美さんが以前付き合っていた写真の男性（仮にAさんとする）の勤務先を、希美さんから聞き出していた。そこからAさんの住所を探り出し、直接彼に会って、ストーカー行為を止めるように呼びかけようというのである。

「もしもし、××さん（Aさんの名字）、いらっしゃいますでしょうか」

Aさんの勤務先に、筒井氏が電話をかけている。一人、会議室のテーブルに座り、受話器を持つ筒井氏。その姿をとらえているカメラ。電話器の受話口にマイクが仕込まれており、相手の声も録音されている。

〈しばらくお待ちください〉

受話器の向こうでは女性従業員が丁寧な応対をする。しばらく保留の音楽が鳴って、男性が電話口に出る。

〈もしもし、お電話替わりました〉

「××さんでいらっしゃいますか？」

〈いえ私、△△と申しますが〉

「恐れ入りますが、××さんをお願いしたいんですが」

〈どういったご用件でしょうか？〉

「私、以前お仕事で大変お世話になりまして、ちょっとご連絡したいことがありまして、お電話させていただいたんですが」

〈えーっとですね。実は××なんですが〉

「はい」

〈私たちもあんなことになるなんて、全く思ってなかったんですが〉

「どういうことでしょうか？」

〈実は××なんですが……あの、事故というか〉

「はい」

〈3年ほど前にですね、ちょっと不幸がありまして〉

その言葉を聞いた瞬間、筒井氏の表情が変わる。

「××さん、亡くなられたんですか？」

〈ええ〉

呆然《ぼうぜん》とする筒井氏。動揺した表情のまま、カメラの方に視線を送る。

Aさんは、3年前に死んでいた？

「どうして、××さんは亡くなられたんですか？」

〈……私もあまり詳しいことは、わからないんですが……〉

相手の男性は言葉を濁す。

「差し支えなければ、教えて頂けませんか」

〈ご存じないんですか？〉

「はい」

〈……どうやら、自殺らしいんです〉

「自殺……そうですか」

〈申し訳ございません。ちょっとそういうことなので〉

「あの私、××さんに大変お世話になったもので、出来ましたら御仏前に参らせていただきたいと存じまして、××さんのご自宅の住所、教えていただいてもよろしいですか？」

〈わかりました、会社の名簿に残っていると思いますので、ちょっとお待ちください〉

Aさんの住所を教えてもらい、手早くメモをとると、

「どうもありがとうございます」

電話を切る筒井氏。頭を抱える。

Aさんは亡くなっていた。希美さんの交際相手だった男性は、もうこの世にいないという事実が判明した。では、我々の撮影したストーカー男は、一体誰なのか？

2003年4月9日

翌日、我々はAさんの勤務先から教えてもらった住所に行ってみることにした。神奈川県横浜《よこはま》市片倉《かたくら》町。横浜市営地下鉄の駅から、5分ほど歩いた住宅街にAさんの自宅があった。

2階建て、ベージュ色のブロック塀に囲まれた、中規模の戸建て住宅。築年数はさほど古くないようだ。玄関先には、観葉植物や花などの鉢植えがいくつか並んでいる。門の奥には屋根付きの駐車スペースがあるが、車は停まっていない。壁際に、大人用と子供用の自転車が一台ずつ置かれている。Aさんの勤務先からの情報によると、彼の家族や子供はまだここに暮らしているとのことだ。

「この家みたいですね」

そう言うと、筒井氏が歩き出した。家の前で立ち止まり、門のチャイムを鳴らす。カメラは斜め向かいの電柱の物陰から、筒井氏の様子を撮影している。しばらくして、家の中から一人の女性が現れた。細身ですらっとした女性。おそらくAさんの妻だろう。

「私、筒井と申しまして」

そう言いながら、筒井氏は名刺を差し出す。

「実は、現在○○局で、ドキュメンタリー番組を制作しているんですが……」

説明を始める筒井氏。我々が、Aさんの不倫相手だった希美さんを取材しているということは、出来れば伏せておきたい。筒井氏は希美さんのことには触れず、報道番組の事件取材で来たとうまく説得し、インタビュー取材の許可を得た。


Aさんの自宅の玄関口。靴を脱ぎ、Aさんの妻の案内で家の中に入る筒井氏。カメラも一緒に中に入る。

廊下の奥にある六畳の仏間に通される。仏間では6、7歳ぐらいの男の子が一人、寝転がって絵を描いて遊んでいた。「こんにちは」と声をかける筒井氏。

奥の仏壇の前に、Aさんの妻が座布団を置く。筒井氏は、一礼して座布団に正座、仏前に線香を手向ける。

仏壇に飾ってある男性の遺影。それは紛れもなく、希美さんと仲良く写真に写っていた、あの男性である。

さらに遺影の脇には、家族で撮ったスナップ写真が飾られている。写っているのは4人。妻と子供、そしてAさんともう一人はAさんの妹であるという。Aさんの妹は、肩下まで髪をおろした三十前後の女性である。我々はここで、〝Aさんの死〟という揺るぎのない事実を、確信する。

筒井氏がAさんの妻に話を聞く。

「あまり思い出したくないことだとは思い、とても恐縮なんですが、ご主人が亡くなった時の状況について、お話しいただけますか」

「ええ……」

仏壇前に座り、暗鬱《あんうつ》な表情を浮かべているAさんの妻。カメラは彼女の表情を、アップでとらえている。

「全然、自殺する理由っていうのが思い当たらないんですよ。いつもと同じように、前の晩も普通にご飯食べて、その日の朝も『行ってきます』って家を出て行って。それで……そのまま地下鉄のホームから……」

3年前、ホームに入って来た地下鉄の車輛《しゃりょう》に身を投げたというAさん。妻の話によると、警察は事故と自殺の両面から捜査したが、結局その真相は不明のまま、捜査は打ち切られたという。

インタビューを受ける妻の横で、Aさんの一人息子が、色鉛筆で絵を描いていた。一通り話が終わると、熱心にスケッチブックに向かっている少年にカメラを向け、声をかける。

〈ボク、何描いてるの〉

少年が描いている絵は青い色鉛筆で描かれた、何やら横長に尖《とが》った細長い物体である。彼はカメラに向かってこう答える。

「新幹線」

そう言うと持っていた色鉛筆で、せっかく描いた新幹線の絵の上に、グチャグチャな線を書き殴った。

〈何でそんなことするの〉

「大嫌いなの。新幹線がパパを殺したの。ねえママ」

「何言ってるの、パパは地下鉄で、死んだの」

涙ぐみ息子を抱きしめる妻。

「何言ってるの、おかしな子ね」

礼を言ってAさんの家を出た。

しばらく無言のまま歩く筒井氏。そんな彼女の様子を撮影する取材カメラ。Aさん、死亡したという事実は間違いではなかった。筒井氏は、途方に暮れているようだ。

今日の取材は、ここで終了することにした。今後の取材方針については、少し考えさせて欲しいと筒井氏は言う。

希美さんを日夜苦しめるストーカー男。我々のカメラにも、その姿は記録されている。だが、Aさんはすでに死んでいた……。ならば彼の正体は一体何なのか？　地獄からの亡者だとでもいうのだろうか。

2003年4月15日

朝から雨が降っていた。土砂降りではなく、降ったり止んだりの中途半端な雨である。

代々木の住宅街。取材カメラは、希美さんのマンションに向かう筒井氏の表情をとらえている。真っ白なスーツに白い傘。いつになく険しい表情で、降り続けている雨の中を歩く筒井氏。この後、一体彼女は希美さんとどう向き合い、何を語るのだろうか。

希美さんのストーカーの正体だと思っていたAさんが、3年前に死亡していたという事実が判明したのは1週間前のことだ。それから2日後、筒井氏から取材を中断したいという連絡が入った。

一体ストーカー男は誰なのか？　我々が隠しカメラで撮影したストーカーの男性がAさんでないとすると、他の誰かということになるのだが、その手がかりはほとんど得られていない。Aさんと希美さんがかつて交際していた頃の写真を所持し、希美さんに送りつけたストーカー男。写真の裏面には〝思い出せ〟というメッセージ。このことからストーカー男がAさんと何らかの関係があることは間違いない。希美さんにもっと詳しく事情を聞くことが出来ればいいのだが、日ごとに彼女の精神状態は悪化している。これ以上取材を無理強いするわけにはいかない。

そんな中、撮影を中断して5日後の昨日。筒井氏から携帯に連絡が入った。「希美さんと重要な話がしたいので、明日《あした》彼女に会いに行く」と筒井氏は言う。その際には、我々取材スタッフも同行して、その様子を撮影して欲しいと告げた。一体、彼女が言う重要な話とはどんな内容なのか？　聞いてみると、

「希美さんをストーカーの恐怖から解放させてあげることが出来る、重要なお話です」

とだけ言い、彼女は電話を切った。

雨粒をさっとはらい、筒井氏は傘をたたんだ。希美さんのマンションのエントラン

ス。ガラス扉を開けて、中に入って行く。カメラもその後を追った。筒井氏はエレベーターに乗り4階で降りる。

希美さんの部屋に到着する。チャイムを鳴らそうとするが、一瞬ためらって手を止めた。バッグから携帯電話を取り出した。

「希美さん、きっとチャイムの音を聞きたくないだろうと思って……あ、もしもし希美さん。今到着しました」

しばらくしてドアが開き、希美さんが顔を出す。

「こんにちは」

会釈する希美さん。気丈に振る舞おうとしているが、肌の血色は良くない。目の下の隈《くま》も化粧では隠しきれないほどに、憔悴《しょうすい》している。

リビングに案内される。

希美さんの隣に座る筒井氏。二人の様子を、カメラはとらえている。

初めて取材した日から比べても、希美さんはまるで別人のようにやつれきっている。

しばらく沈黙があって、筒井氏が言葉を発する。

「今日はあいにくの雨ですね」

無言のままの希美さん。

「どうですか。気分は」

「ええ……まあ」

　うつむいたまま、希美さんはちゃんと目を合わせて答えない。

「じゃあ、本題に入りますけど、いい？　大丈夫？」

「はい」

「色々と調べてわかったんですが」

　一呼吸置いて。

「××さんなんですけど、今から3年ほど前、あなたと別れてしばらくして、地下鉄のホームで身を投げて亡くなってます」

　淡々とした口調で語る筒井氏。

「えっ」

　筒井氏の言葉を聞いて、希美さんは思わず声を上げた。今まで伏し目がちだった目は大きく見開かれ、唇がわずかに震え始めた。

「信じられないかもしれないけど、これは事実なんです」

　再び目を伏せ、うつむく希美さん。

　なぜか筒井氏は、ストーカーに対し怯《おび》え苦しんでいる彼女に、追い打ちをかけるようにその事実を告げた。さらに厳しい口調で言う。

「だから、あなたの家に現れるストーカーは、××さんであるはずはないんです」

呆然《ぼうぜん》とする希美さん。その瞳《ひとみ》は澱《よど》み、焦点を失っている。

「……じゃあ、誰なんですか」

わなわなと唇を震わせて、希美さんは声を振り絞った。

「あの人は誰なんですか⁉」

声を荒らげ、筒井氏の顔をまじまじと見つめる希美さん。

希美さんの問いかけには答えず、筒井氏は無言のままだ。

希美さんの顔に、苦悶《くもん》の表情が浮かび上がる。

「あ〜〜〜、あ〜〜〜〜、あ〜〜〜〜〜〜」

激しく身悶《みもだ》える希美さん。

「あ〜あ〜〜〜あ〜あ〜〜〜〜」

両手で頭をかきむしり、悲鳴のような呻《うめ》き声を上げている。

そんな彼女の様子を、まるで実験を観察する科学者のように、筒井氏は冷静に見つめている。

《ピンポ〜ン、ピンポ〜ン》

突然チャイムの音が鳴り響いた。

希美さんの目が大きく見開かれる。嗚咽《おえつ》の声は止まり、その表情は一瞬で硬直した。

小刻みに揺れ始める希美さんの身体。彼女の目から、涙があふれ出す。

《ピンポ～ン、ピンポ～ン》
再び、チャイムが部屋中に響く。慌ててソファのクッションを掴《つか》み、顔を伏せる希美さん。ぶるぶると震えている。筒井氏は、チャイムが鳴っているドアの方には一瞥《いちべつ》もくれず、じっと希美さんの姿を見ている。
《ドン、ドン、ドン、ドン、ドン》
今度は、ドアを激しく叩《たた》く音――。
「いや～、いや～～～」
そう叫ぶと、希美さんは立ち上がり奥の寝室の方に逃げて行った。筒井氏も、希美さんを追って寝室へ移動する。
ベッドの前に座り込む希美さん。背を向けて、頭を抱えている。リビングからでは死角となって希美さんの様子はよくわからない。だが寝室の奥にある鏡台に、ぶるぶる震える希美さんの姿が映されていた。カメラは鏡台にズームしてゆく。鏡に映る、苦悩する希美さんの顔。
《ドン、ドン、ドン、ドン、ドン》
《ドン、ドン、ドン、ドン、ドン》
ドアを激しく叩く音。
ドアが叩かれる度に、希美さんの動揺も高まってゆく。

希美さんの背後に立ち、筒井氏は冷静な眼差《まなざ》しを彼女に向けている。

《ドン、ドン、ドン、ドン、ドン》

《ドン、ドン、ドン、ドン、ドン》

《ドン、ドン、ドン、ドン、ドン》

ドアを叩く音は止まらない。鏡越しに見える希美さんの表情。頭を抱え込み、苦しみに身悶えている。まるで地獄の責め苦に耐えている亡者のように……。

筒井氏が、希美さんに声をかける。

「××さん（Aさんの名字）が来てますよ。さ、早く」

淡々とした口調で告げる筒井氏。希美さんは黙ったままだ。目からはぼろぼろと涙がこぼれ落ちる。

「××さんですよ。××さんが、ほら、そこまで来てますよ！」

首を大きく左右に振る希美さん。

そして、希美さんの唇がゆっくりと動いた。

希美さんの口から出た言葉を聞いて、我々スタッフは驚愕《きょうがく》した。しかし筒井氏は一切表情を変えることなく、希美さんの背中を見下ろしている。

筒井氏がカメラの方に視線を送る。そしてこう言った。

「今の彼女の言葉、撮影できました?」

この番組の取材は諸般の事情により中止となった。取材ディレクターとしては、このまま続けたかったのだが、上司の判断により放送は見送られた。取材中に刑事事件が発覚したことが放送が差し控えられた大きな理由である。

放送は中止となったが、今回の取材は得るものが多かった。それは目に見えるものだけが真実じゃないということ。真実は裏返し。まるで鏡に映った像のように……。

素材テープ・スクリプト（書き出しメモ）、一部抜粋

・ストーカーは普通、自分のことをストーカーとは思っていません。むしろ自分は被害者であると。
・Aさんの家族写真——Aさんの妹は三十前後の女性。
・新幹線がパパを殺したの。ねえママ。

しじんの村

NO．５０１４４３
長野・通称〝しじんの村〟密着ドキュメンタリー
取材日程２００４年10月から２００６年９月
取材ディレクター　Ｓ・Ｋ（ビデオジャーナリスト）
テープ本数　ＤＶＣテープ　45本
（※このルポルタージュは担当ディレクターＳの取材メモをもとに再構成した）

死にたいのなら死ねばいい
生きたいのならば生きればいい
あなたは自由なのだから
あなたを束縛するものはどこにも存在しないのだから
でも一つだけ知っていて欲しい
あなたを憎むものは自分自身だけではないように
あなたを愛するものはあなた自身だけではないことを
それがほ乳類の宿命なのだから

しじん

2004年10月7日

午前10時、長野自動車道を××インターで降りて、国道○○号線を北上する。20分ほど走ると、ちらほらとあったファミリーレストランなどの店舗は無くなり、のどかな田園風景が広がってくる。

《まもなく左折です》

機械的な、女性による音声案内の声。カーナビが指示した交差点でハンドルを左に切った。3年ほど前に中古で買った4WDのミニバンで、国道から片側一車線の山間《やまあい》の道に入って行く。カーナビの案内によると、あと15分ぐらいで現場に到着する予定だ。車窓から見える山の木々は、徐々に紅《あか》く色付き始めている。

しばらく山の中を走ると、道路は木々の間を縫うように蛇行し始めた。道は更に険しくなってゆく。時折走ってくる対向車をうまく躱《かわ》しながら、車は険しい山道を登り続ける。

しばらく蛇行した道を走ると、左手に車が数台駐車できるスペースが見えてきた。

《目的地、周辺です》

カーナビの音声が聞こえてくる。ハザードを出して、そのスペースに車を滑り込ませた。

本当にこの場所だろうか？　車を降りて、周囲を確認する。駐車スペースより10ｍほど先に、車一台分がやっと入れるぐらいの細い山道の入口を見つけた。山道の入口には大きな楡《にれ》の木があり、枝に木製の看板が吊《つる》されている。看板には手書きの筆文字で〝じじんの村〟と書かれていた。

間違いなかった。この場所である。早速、車に戻り機材をセッティングする。取材用のハンディカメラにテープが入っているかどうかを確認し、バッテリーやテープなどを入れた紫のディパックを背負って車を降りる。ドアキーにロックをかけて、山道へ歩き出した。

カメラの録画ボタンを押す。まずは辺りの風景や、村の看板などを撮影する。そのままカメラを回しながら、山道の中へ入って行く。

しばらく鬱蒼《うっそう》とした木々に囲まれた細い山道を歩く。50ｍほどすると、視界が開けてきた。山の斜面を切り開いた土地に小さな川が流れており、川の周辺に十数軒の小さなバンガローが建ち並んでいる。バンガローの風景などを撮影しながら、山道を進んで行く。小川にかけられた木製の小さな橋を渡ると、肉が焼ける香ばしい香りが漂ってきた。バンガローに囲まれた広場が見える。共同炊事場や物干しにたくさんの洗濯物が干してあるその広場では、ジャージやトレーナーなどラフな格好をした十数名の男女がバーベキューを楽しんでいた。カメラを回しながら広場の中に入って行く。彼らに軽く会釈して、バーベキューの様子を撮影する。カメラを見て怪訝《けげん》な顔をする者もいるが、かまわず撮り続ける。

カボチャやタマネギ、キノコやピーマンなどの野菜と牛肉が、石造りの竈《かまど》の上に置かれた大きな鉄板の上で焼かれている。笑顔で会話しながら、焼けた肉や野菜を口に運ぶ人々。カメラを近づけると、恥ずかしそうに顔を伏せる人もいる。彼らの年齢、性別は様々だ。大学生ぐらいの青年や、中年女性。30代程の男性もいれば、六十以上に見える老人もいる。皆楽しそうに笑っているのだが、その表情はどこか憂いが漂っている。

その中の一人、ブルーのトレーナーにバンダナを巻き、口ひげを生やした初老の男性に聞いてみる。

〈みなさんはどういったお仲間なんですか？〉

「一緒の村に住んでます」

もう一人、大きな丸い眼鏡をかけた、小太りのジャージ姿の若者にもカメラを向ける。

〈この村の名前は、なんと言うんですか？〉

「ここは〝しじんの村〟といいます」

〝しじんの村〟。

ここに集まっている十数名の男女は、いじめやリストラなどが原因で、社会生活にうまく適応することが出来なくなった人たちである。彼らは皆、社会や学校、そして家族からも疎外され、心に深い傷を負った。だが、なんとかもう一度社会生活に復帰したい。そんな思いを胸に、彼らはこの〝しじんの村〟にやって来た。

材料が焼ける香ばしい匂い。立ちこめる白い煙の中、焼きたての肉を熱そうに頬張る村人たち。中年の男性や女性、白髪まじりの老人に若い男女。知らない人が見ると、何組かの家族が集まり、キャンプを楽しんでいるように思うだろう。しかし、彼らは全くの赤の他人である。

そんな彼らの輪の中で、中心となっている一人の人物がいた。ほっそりとした色白の30代後半くらいの男性。短く整えた髪に、ブラウンのジャージ。ぴったりとした青いジーンズが、さわやかな印象を受ける。村人たちとの会話からも、品の良さと知性が感じられた。

この村の村長、通称〝しじん〟こと久根仁《くねひとし》さん。〝しじんの村〟の主宰者である。久根さんは、3年前私財を擲《なげう》って、キャンプ場の跡地であったこの土地と施設を購入し、〝しじんの村〟を設立した。

私がこの村の存在を知ったのは、インターネットの掲示板だった。社会から疎外された人物が集まる、癒《いや》しの村。まるで、現代社会のネガフィルムのようだと思った。〝しじんの村〟とは、一体どんな場所なのか？　そこにはどんな人間が集まっているのか？　彼らはこの村に何を求め、そこで何を得るのだろうか？　私は〝しじんの村〟に深く興味を持ち、どうしても取材してみたくなった。

そこで久根さん本人に連絡を取って〝しじんの村〟の取材撮影を依頼し、取材を快諾してもらったのだ。そして民放の某テレビ局に企画を持ち込み、深夜のドキュメンタリー枠で放送する予定で、取材が始まったのである。

ドキュメンタリー番組の撮影だからといっても、取材スタッフは自分一人だけだ。自前のカメラ機材を持って、一人で現場に入って撮影するのが自分のスタイル。その方が、機材費や人件費、車輛《しゃりょう》費などのコストが抑えられ、取材日数も取れるからだ。番組の制作予算が減っている昨今は、このようなスタイルでの取材が増えている。コスト的な理由もあるが、大勢のスタッフで現場に乗り込むよりも、機動力が増し、取材対象者の緊張感もほぐれ、取材がしやすくなるという利点もある。

早速、バーベキューを囲んで楽しんでいる村人たちに話を聞いてみた。

まずは頭を丸刈りにした40代ぐらいの中年男性。グレイのパーカー、タオルを首に巻いている。この村では、本名を明かさないのが一つのルール。村人同士、お互いをインターネット上で用いるハンドルネームのような呼称で呼び合っている。彼のハンドルネームは〝シュウさん〟である。

〈なぜ、この〝しじんの村〟に来たんですか？〉

カメラを向けられ、緊張しているシュウさん。伏し目がちに、おどおどした様子で答える。

「個人的に辛《つら》い出来事がありまして、仕事も手につかないぐらい。それで……一昨年かな？　会社をリストラされちゃって、会社から弾《はじ》かれた後も、仕事を色々やってたんですけどね。あんまりうまくいかなくて。この村のことを聞いて、やって来た感じなんです」

次は、ジャージ姿の20歳ぐらいの若い青年。華奢《きゃしゃ》な身体にアンバランスな太い眉《まゆ》が印象的だ。彼のハンドルネームは、〝ウッチー〟。

「中学のころに、学校でいじめられてたんですね。で、学校行くのが嫌になって、高校にも行かずに何年かほとんど引きこもり状態になってて、で、インターネットしてたら、この村の存在を知って……」

首にタオルを巻いた、30代後半の色白の女性〝フクさん〟。髪を一本に無造作に束ね、化粧気はなくやつれた感じ。どこか幸薄そうな印象である。しかし器量が悪いというわけではない。

「3年前ですかね。すごく大切な人がいなくなって……まあ、死んだんですけど……。本当に大事な人だったんで。それからもう他のこと、何も考えられなくなって……。悔しくて、苦しくて……何とかしなきゃいけないと思って……。それでこの村に、来たんですけど」

〈嫌なことは、忘れられそうですか？〉

「忘れられるのかな？　……わかんない。忘れた方がいいことなのか、それとも……ごめんなさい」

涙が込み上げてくる。目頭を押さえるフクさん。何とか答えようとするが、うまく言葉が出てこない。私の質問が彼女の心を動揺させてしまったようである。

「……わかんない……ごめんなさい」

涙を拭《ぬぐ》うフクさん。洟《はな》をすすりながら、言葉を振り絞っている。

「えーと……うんと……」

しばらく考えた挙げ句、涙に嗄《か》れた声で言う。

「……もういいですか」

そう言うと、カメラの前から逃げるように去って行った。

午後1時過ぎ。バーベキューが終わった。村人たちが分担し、後片付けしている様子を撮影する。その後、久根さんと打ち合わせするため、集会所と呼ばれている建物に移動した。

久根さんの案内で集会所に入る。村の中で唯一の鉄筋モルタルで作られた、2階建ての建物である。1階に入るとすぐ、十二畳の大部屋が見えた。ここは村人たちが食事や会合などで集う場所だという。1階には他に、布団や備品などがしまってある物置部屋がある。

階段を上り、2階へと進む。人一人が通れるぐらいの細い階段を、久根さんは上ってゆく。階段の先には小さなドアが見える。階上に着くと、久根さんはジーンズのポケットから鍵《かぎ》を取り出した。ドアを開け、中へ入って行く久根さん。カメラも後に続く。

ドアの先には、文机《ふづくえ》と黒板が置かれた、八畳の簡素な畳部屋があった。通称〝じじんの部屋〟と呼ばれる、久根さんが使用する部屋である。壁や襖《ふすま》の至る所に、文字が記された紙が、何枚も貼られている。なぐり書きのような筆文字の〝詩〟の数々。これらは全て、久根さんによって書かれたものだという。

〝疎外
機械化された文明社会に
帰属意識をもてない現代人〟

〝ここは木の精の国
彼は静かに聞いている
希望に満ちた笑い声〟

〝孤独になるほど
虚《うつ》ろに響く
君の叫び声〟

〝しじんはしじんであり
しじんにあらず〟

〝ねねねね〟


取材内容や、今後の取材日程などを細かく打ち合わせする。久根さんはこちらの意図や方針を前向きに理解してくれて、非常に協力的でやり易い。ただし村人たちを撮影する時は、十分にプライバシーを配慮すること。その点だけは、強く釘《くぎ》を刺された。

打ち合わせ後、久根さんのインタビューを撮影することにした。

久根さんに畳の上にあぐらをかいてもらい、アングルを決める。壁や襖に貼られた、殴り書きの詩が背景になるようにカメラをセッティングした。ディパックからイヤホンを取り出して、カメラとつなぎ音声をチェック。スタンバイが完了する。録画ボタンを押して、インタビュー収録を始める。

〈まず最初の質問です。この〝しじんの村〟とは、どのような集団なんでしょうか?〉

「おそらく誤解されるのは、宗教団体なんじゃないか? ということなんですけど、そういうのでは全くないですね。政治的な団体との関連とか、そういった意図とかも全くありません。ただ弱い人たち、社会の中でその弱さ故に、上手《うま》く適応できなかったり、傷ついてしまったりした人たちが集まってくる場所であり、そういう人たちがまた社会に戻っていくために、必要なものを、それぞれが見つけ出し摑《つか》んで行く場所……それがこの村です」

カメラの前で熱心に語る久根さん。〝しじんの村〟に対する真摯《しんし》な気持ち、誠実な人柄がにじみ出てくる。

〈このような施設を作ろうと思ったきっかけについて教えていただけますか？〉

「実は私、東京の板橋《いたばし》で中学校の国語教師をしていたんですね。それで、私の担当クラスの生徒の一人が、いじめが原因で、心を病んでしまいまして。私も担任教師として精一杯の努力をしたつもりなんですが……結局、その生徒は自ら命を絶ってしまったんです」

久根さんによると、事件があったのは2001年9月12日。その日、久根さんのクラスの生徒だった当時中学三年生のT君が、教室で首を吊《つ》って死んでいるのが発見された。警察は周囲の状況や、自宅から遺書が見つかっていることなどを理由に、T君の死は自殺であると断定したという。

「まあそのことがあって、無力感と言いますか、彼を救うことが出来なかった自分の腑甲斐《ふがい》なさを強く恥じまして、そこで思ったんですよ。何とかして彼のような人間を助けられないものか？　手助けできないものか？　っていうふうに。それで色々考えたんですけど。やっぱり現行の教育制度の中ではそれは難しい、というか、はっきり言って無理だと思う。だからこの村を作ったんです」

〈ここに集まってきた皆さんの様子はどうですか？〉

「生きようと思って毎日必死に生活しています。彼らは皆、それぞれがいた集団の中でうまく適応することが出来ず、この村にやってきた。くじけそうになって〝死〟という選択肢を思い浮かべたことがある人も、少なくはないでしょう。それでも彼らは、何とかこの村で、生きようとして頑張っています。この村での毎日の生活の中で、ふとした瞬間に、そういったことを感じますね」

〈この村を出て、社会復帰を遂げた人はどれぐらいいるんですか？〉

「う〜ん。正確な数はちょっとわかりませんが、村を出たほとんどの人が、元気にその後の人生をやっています。そういった方から、近況を知らせてくれるメールとか手紙とかがよく届くんですが、それを見るのが一番楽しみですね」

〈中には、社会復帰できなかった人もいらっしゃるんでしょうか？〉

「残念ながら、そういった人もいないとは言えません。自分自身の心の闇から抜け出せずに、突然村から姿を消してしまう人や、自らその命を絶った人もいました。そういう時は、非常に辛いですね」

インタビューが終わった。集会所の外に出ると、もう陽は傾き始めていた。雲は茜《あかね》色に染まっている。

集会所の裏手には大きな湖があった。目の前の湖畔にはキャンプ場だったところに建てられた屋根付きの立派な展望台がある。景色がいいので、そこで湖の風景を撮影することにした。カメラに三脚を取りつけて、湖の風景を撮る。茜色の雲が湖面に反射して、とても美しい映像が撮れた。

今日から1ヶ月間、私もバンガローを借りて、泊まり込みでこの村の取材に臨む。小学校の頃、林間学校に来た時を思い出す。小さな畳敷きの小屋が、私の部屋だ。自分も村人の一人になった気分になり、ちょっとわくわくする。

2004年10月10日

今日で〝しじんの村〟の取材を始めてから、4日目になる。

撮影は順調である。村人たちは穏やかで心優しく、取材にもとても協力的だ。都会とは違い、時間の流れがゆるやかに感じる村での日常。農作業や牛の乳搾り、川での洗濯など、牧歌的な風景の中での生活を体感する。

都会の喧噪《けんそう》とは無縁な、癒《いや》しの空間を与えてくれる〝しじんの村〟。だがこの日、とんでもない場面に遭遇した。

この日はいつもより少し早めに起き、カメラを持って部屋を出た。村人の朝食風景を撮影するためだ。

午前6時前。まだ夜は明けきっていない。肌を刺すような風が吹いている。広場にある共同炊事場に着く。もうすでに朝食の炊事当番の村人たちが、調理を始めていた。竈《かま》でパンを焼く香ばしい匂いがたちこめている。慌ててカメラを構え、録画ボタンを押す。炊事場でスープを温めたり、搾りたての牛乳を運ぶ様子を撮影していると、遠くから、叫び声が聞こえてきた。

「何やってんだ、おい！」

「やめろって！ やめろ！」

数人の男女の声。何やら争っているようだ。声は集会所の奥にある、湖の方から聞こえてくる。炊事当番の村人たちが、一瞬顔を見合わせると、炊事場を飛び出して行った。

私もカメラを回しながら、彼らの後を追う。

「やめろ！ やめろ！」

「放して！ 放して!!」

集会所の裏手にやって来た。声を聞いて、他の村人たちも駆けつけて来る。湖は朝霧に包まれ、辺りはまだ明けていない。湖の展望台の前に立つ檜《ひのき》の大木の前に、一人の女性がいた。彼女は木の前に置かれた、木製の椅子の上に乗っている。女性の足元にしがみつき、引きずり下ろそうとしている二人の男性。一人は久根さんであり、もう一人の男性は、村人のシュウさんだ。

「放して、放して、お願い！」

「やめろ！　やめろって言ってるだろ！」

シュウさんはそう叫ぶと、その女性を力ずくで椅子から引きずり下ろした。地面に倒れ込む女性。

慌てて、久根さんが彼女の身体を抱きかかえる。

「おい、大丈夫か！　おい！」

女性に声をかける久根さん。しかし彼女は激しく咳《せ》き込み、首のあたりを押さえて呻《うめ》いている。

「しっかりしろ、おい。しっかりしろ」

女性はぐったりして、動かない。

「大丈夫か、大丈夫か」

必死にその女性に呼びかける久根さん。彼女の肩を揺さぶるが、目を閉じたまま反応は返ってこない。

倒れている女性は、淡いピンクのパーカーを着た、20歳ぐらいの小柄な女性である。苦しそうにハアハアと肩を大きく揺らしている。

カメラを回しながら近寄り、久根さんに声をかける。

〈一体、どうしました？〉

「大丈夫です」

そう答えると、久根さんはシュウさんを促し、意識のない女性の身体を抱き起こした。ビデオカメラを手にしたまま、女性の両脇から腕を回し、立ち上がらせる久根さん。彼女を抱えたまま、二人は歩いて行った。

女性がいた場所には、小ぶりの木製の椅子がゴロンと倒れていた。さっき彼女が立っていた椅子である。その真上には、太い木の枝が伸びており、輪になった麻のロープが括《くく》り付けられている。

どうやら彼女は、ここで首を吊ろうとしていたようだ。

女性はすぐに彼女のバンガローの部屋に運ばれ、手当てされた。命に別状はないとのことだ。ちょっと安心する。先ほどは、ただ気を失っただけらしい。

1時間ぐらいしたら彼女の意識は回復した。

しばらくして、久根さんが女性のバンガローにやって来た。

「お邪魔します」

扉を開けて、久根さんがバンガローの中に入って行く。撮影はここまで。ナーバスな状態なので、カメラの同行は遠慮する。

その代わり、離れた位置から撮影を試みることにした。カメラを手に、バンガローの裏手にある森の中に入る。森は少し小高くなっており、そこからバンガローの窓が見えた。カメラを窓の方に向ける。幸いカーテンは半分ほど開いていた。その隙間から、なんとか部屋の中の様子を撮影する。

さほど広くない、畳敷きの部屋。家具の類《たぐい》も、あまり見当たらない。もともとこのバンガローは、女性専用の二人部屋なのだが、今は彼女が一人で使っているという。

カーテンの間から、久根さんと彼女が対面している様子がちらりと見えた。布団の上に起き上がり、俯《うつむ》いている彼女。窓越しに撮影しているため、その表情はほとんどわからない。

「体調、どうですか」

久根さんに仕込んだワイヤレスマイクから、彼の声が明瞭に聞こえてくる。だが、女性の方は一言も話さず、俯いたままである。

「寒くない？　大丈夫？」

無言のままの彼女。久根さんの問いかけに答えようとはしない。

彼女のハンドルネームは〝ハニコ〟さんという。年齢は21歳。1ヶ月ぐらい前に、ふらりとこの村にやって来た。

「お腹空《す》いてないかな？　みんな今、朝ご飯食べてるんだけど、一緒にどう」

なんとか心を開かせようと、久根さんはハニコさんに語りかける。

「食べない？　朝ご飯……お腹空いてないかな？」

彼女は相変わらず、黙り込んだままである。

「食べたら元気出ると思うよ」

沈黙を続けているハニコさん。だがその後、彼女さんの口が、小さく動いた。

「死にたい」

彼女の言葉を聞いて、久根さんは息を呑《の》んだ。

ハニコさんの身体が、小刻みに震えだした。そして、今度はさっきよりもはっきりとした口調で、彼女は言う。

「死にたい……」

身体ごと崩れるハニコさん。彼女の姿は消え、カメラの方から見えなくなったが、すすり泣く声だけはマイクが拾っていた。

そんな彼女に、じっと優しい眼差《まなざ》しを向けている久根さん。

一体ハニコさんの心の中には、どんな暗闇が広がっているのだろうか？

2004年10月13日

〝しじんの村〟に滞在して、7日が経った。

午前7時。集会所1階の大部屋。村人たちが朝食のため集まっていた。

ここにも、筆文字の久根さんの詩が書かれた大小の紙が、襖《ふすま》や窓などの至る所に、貼られてある。

テーブルの上には、ふぞろいな形のパンや、丸ごとのトマトや林檎《りんご》など、素朴な食事が並んでいる。村人たちは席に着いており、三つ並んだテーブルの奥に座っている久根さんが、村人たちに語りかけた。

「パンにはパンの、葡萄《ぶどう》には葡萄の、ミルクにはミルクの、林檎には林檎の、それぞれ詩があります。食べ物も詩を持っています。ということでね、それぞれどんな詩を持っているのか、想像しながら食べてみませんか？　ではいただきます」

久根さんがそう言うと、一斉に村人たちが、「いただきます」と手を合わせて、朝食が始まった。

〝しじんの村〟での食事は基本的に自給自足である。村の畑で採れた野菜に、飼っている乳牛から採れた搾りたての牛乳。パンも共同炊事場にある竈《かま》で焼いた手作りのものだ。

「もちろん、全て自給自足というわけにはいかないんで、週に1回当番を決めて、街に買い出しに出たりはしています」

手作りのパンを頬張りながら、久根さんはそう語った。他の村人にも話を聞くことにする。まずは、最初のインタビューで涙を流していた30代後半の女性、フクさん。

〈どうですか？　朝食の味は〉

「やっぱりおいしいですね。ほとんど自分たちで作ったものなんで、大事にありがたくいただいています。このスープも、村で採れた野菜で作ったんですよ」

そう言うとフクさんは、カップに入った、緑色のスープを旨《うま》そうに口に含んだ。

その隣にいる、会社をリストラされた坊主頭のシュウさんにもカメラを向けてみる。シュウさんは、少し焦げ気味の丸いパンを頬張っている。

〈どうですか？　パンの詩は出来ました？〉

「パンの詩ですか……パン、パン、パン……パンが、パンで……やっぱ、何にも思いつかないですね」

大爆笑する村人たち。照れくさそうに坊主頭をかくシュウさん。久根さんも楽しそうに笑っている。

笑顔が絶えない〝しじんの村〟の朝食。村人たちは、食材から自分たちで作りあげた、質素だがある意味豊かな朝食を楽しんでいる。

朝食終了後、ハニコさんの現在の様子について、久根さんに聞いてみた。

あまり人目につかない場所がいいということで、集会所裏手の湖畔まで二人で行く。湖を背景にカメラを構え、久根さんに質問する。

〈ハニコさんの様子はどうですか〉

「そうですね。ちょっと心配ですね。ふさぎ込んだままで、部屋からもほとんど出てきません」

〈食事などはどうされてるんですか〉

「彼女の分は、部屋に届けてます。あまり食欲はないようですけど」

〈彼女が自殺を企てた理由について、何かわかったんでしょうか〉

「あれから何度か、彼女と話をしようと、部屋に行ったんですが、ダメでしたね。ずっと黙ったままでね……彼女は今、心に大きな傷を負っている状態だと思うんですね。……ただ傷っていうものは癒《い》えるものじゃないですか。だから時間はかかるとは思うんですけど、立ち直ってくれるんじゃないかって、僕は信じてます」

〈もし彼女の精神状態が良くなったら、ハニコさんにインタビューすることは可能で

しょうか〉

「それは……彼女次第だと思いますが、今のままだとちょっと難しいでしょうね」

久根さんから話を聞いた後、また小高い森を登り、ハニコさんのバンガローが見える場所にやってきた。

窓のカーテンはピタリと閉まっている。この前のように、外から中の様子を窺《うかが》うことは出来なかった。仕方なく建物の風景や、カーテンで閉め切られた部屋の窓のアップを撮って森を後にする。

心に深い傷を負い自らその命を絶とうとした、ハニコさんという女性。彼女は、今回のドキュメンタリーの主役となり得る可能性を十分に秘めていた。だが自分の部屋の中に引きこもった現在の状態では、撮影することはおろか、話を聞くことすら難しかった。

2004年10月20日

1週間後、久根さんから意外な申し出があった。

ハニコさんが、インタビューに答えてくれるというのだ。久根さんの努力が実って、彼女の精神状態も快方に向かっている。落ち着きを取り戻し、食事も摂《と》るようになった。そこで久根さんが私のことを話し、取材の許諾を得てくれたのである。彼女は、カメラの前で話すことによって、自分の気持ちを整理したいのだという。ただしインタビューの映像を放送する際は、画像処理などを施し、彼女が誰かわからないようにすることが条件だった。

早速私は久根さん同行のもと、ハンディカメラと三脚を携えてハニコさんのバンガローを訪れた。

久根さんが木製のドアをノックすると、中からかすかに、「はい」という声が聞こえてくる。

「こんにちは」

そう言いながら、久根さんはドアを開けた。ガラステーブルの前に、ちょこんと正座したハニコさんがいる。久根さんが私のことを紹介する。会釈すると、ハニコさんも丁寧に頭を下げた。

彼女の顔を、こうしてちゃんと見るのは初めてである。薄手のカーディガンにジーンズ姿、丸顔で小柄。21歳にしては、わりと幼く見える、可愛らしい感じのする女性だ。

しかし彼女が私と目を合わせたのは、その一度きり。以降、彼女はずっと目を伏せたままだった。私がカメラをセッティングしている間も、憂いを秘めた表情で、俯いていた。そんなハニコさんの様子を、久根さんは心配そうに見ている。

カメラの準備が終わり、録画ボタンを押す。しばらくすると、カメラのファインダー画面にREC表示が点灯した。インタビューを開始する。

〈ではよろしくお願いします〉

「……はい」

〈気分の方は、今どうですか〉

私の質問を聞いて、ハニコさんは黙り込んだ。カメラの後ろでは、久根さんが彼女を見守るような、優しい視線を向けている。しばらくすると、ぼそりと一言、呟《つぶや》くように言葉を発した。

「よくないです」

〈ハニコさんが、この村を訪れた動機は、一体何なんでしょうか〉

再び考え始める。しかしさっきよりは、考えている時間は短かった。ゆっくりと、ハニコさんの口が開いた。

「この村で……死のうと思ってきました」

そう語ると、ハニコさんは唇をぎゅっとかみしめた。

〈この村で、ですか？〉

「……はい」

〈それは、どうしてですか?〉

「去年になるんですけど。姉がこの村で亡くなったんです……私、ずっと姉と二人っきりだったので、姉がいなくなると、どうしていいか……」

ハニコさんの視線が、所在なげに泳ぎ始めた。

「彼女がもうこの世にいないと思うと、恐ろしくて、怖くて、どうしていいか、わからなくなって……だから姉が命を絶った場所を見て、同じ場所で、私も、姉がいるところに行きたいなと思って」

ハニコさんの声が震え始めた。両目には涙が光っている。込み上げてくる涙をこらえながら、彼女は語り続けた。

ハニコさんは幼い頃に母を亡くし、姉と父親の3人で生活していた。男手一つで父は二人の娘を育てた……。そう言うと聞こえがいいが、実はその父親というのが短気な性格で、気に入らないことがあると、絶えず姉妹に対し手を上げていたという。ハニコさんは日夜、いつ父親に殴られるかしれないという恐怖に怯《おび》えていた。暴力に耐えながらの生活。粗暴な父親に恐れおののく日々。だがどんな時も、ハニコさんの姉は身を挺《てい》してまで妹を守り続けた。

「私は小さかったから、毎日すごく怯えていたし、学校にも行けなくなったりとかしてたけど、いつも姉が守ってくれてたし……手を引いて一緒に学校に連れてってくれてたりもしたし……たぶん姉の方が、私よりも怖かったと思うんですけど、いつも大丈夫だよって抱きしめてくれて……」

彼女の目から、涙がこぼれ落ちてくる。声を震わせながら、振り絞るように語るハニコさん。

「数年前に父親が死んで、だからやっと自由になって、父親からも解放されて。でもお姉ちゃんが、お姉ちゃんが……」

父の死後、二人は暴力から解放された。ハニコさん姉妹に、やっと平穏な暮らしが訪れたのだ。姉は夢だったフラワーアレンジメントのアトリエに就職し、ハニコさんは楽しい高校生活を送ることが出来た。生まれて初めて体験する、暴力に怯えることのない穏やかな生活。

だがそれも長くは続かなかった。それから2年ほどして、予想もしていなかったことが起こった。ハニコさんの姉が、心の病に冒されてしまったのだ。結局、父のトラウマから、逃げ出すことは出来なかったのだろうか？　彼女は仕事を辞め、精神的に不安定な毎日が続くようになった。

何とか立ち直りたい。苦悩する日々。そこで彼女は、この村の存在を知る。去年の1月、ハニコさんの姉は一人で、この〝しじんの村〟を訪れたという。

だが、入村してから半年後の、2003年7月11日。彼女はこの村で首を吊《つ》り、その生涯を終えた。彼女が命を落とした場所。そこはこの前、ハニコさんが首を吊ろうとした、あの湖畔の檜《ひのき》の木だったのだ。

〈どうしてあなたは、この〝しじんの村〟で死のうと思ったんですか〉

「お姉ちゃんが、私を置いて行くと思わなかったから……お父さんももういなくなったし、二人で少しずつ頑張っていけると思ってたし。でもなんか、お姉ちゃんが、何かをそれだけ思い詰めていたということを、今度は私が助けてあげるべきだったんだと思うし。それを支えてあげられなかった。なのに私一人だけ生きてるのも変だし」

流れ落ちる涙が、ハニコさんの頬をつたってくる。彼女は持っていたハンカチで、涙を拭《ぬぐ》った。

後ろで聞いていた久根さんの目にも、涙が光っている。

ハニコさんのインタビューが終わった。久根さんとともにバンガローの外に出る。日が傾き掛けている。外はかなり肌寒い。

ハニコさんの姉が、〝しじんの村〟にいたという話は、久根さんも初耳だったという。ひどく落ち込んでいるようだ。

「もちろん、彼女のことはよく覚えています。この村で尊い命を失ったんですから…

…あの時の出来事は、自分にとっても大きなトラウマなんです。一体、どうすれば良かったのか。答えが見つけられないではいるんですけど……。自分は彼女に何もしてあげられなかった。だから、その妹さんであるハニコさんのことはなんとしてでも、救いたいって思ってます」

そう言うと、久根さんはとぼとぼと歩き出した。

集会所の2階にある〝じじんの部屋〟——

夕日が差し込んでいる。その中心に、背筋をピンと伸ばして、正座している久根さんの姿があった。

ハニコさんの過去を知った久根さん。険しい顔で筆をとり、書を認《したた》めている。彼女の心の闇は、自分の力のなさが招いた結果だったと、激しく悔いているかの如く。

カメラは、そんな久根さんの表情をとらえている。

ござの上に敷かれた書道用の下敷きの上に筆と硯《すずり》を置き、目を閉じゆっくりと墨を磨《す》る。脇に置かれた半紙の倍ほどある書道用紙を横使いにして、筆を滑らせていく。

息を殺し、無心になって文字を綴《つづ》る〝じじん〟の表情。そんな久根さんが記した詩

——

〝人が最も美しい時
それは生と死の間〟

〈この詩は、どういう意味なんですか〉

「人間が最も美しい時、言い換えると最も尊い瞬間とでもいうんでしょうか。それは、死を目前にした時なんじゃないかなと思うんですね。死は誰にも平等に訪れてきます。人間は死から逃れることは出来ない。だからこそ、命を尊く大切にしてもらいたい。簡単に自分の命を絶つなんて、絶対にやめて欲しい」

傷ついた人の心を救いたい。そんな思いで〝しじんの村〟を作った久根さん。村人の死は、そんな彼にとって最も辛《つら》いことだ。

「〝死〟や〝自殺〟について考えることは、自分にとって生涯のテーマとなりつつあります。自殺するのは、人間だけじゃないっていうのはご存じですか？」

曇り一つない眼差しをカメラに向け、久根さんは静かに語り続ける。

「ネズミとか猿とか、あとは鹿や鯨なども、自ら命を絶つという例が報告されています。これらの生き物に共通しているのは、ほ乳類であるということ。母親の胎内から生まれて、育てられ、集団という群れの中でなければ生きていくことが出来ない。群れの中から逸脱してしまったものに待ち受けているのは、孤独だったり、疎外だったり……そしてたどり着く先が〝死〟である……。ある意味、自殺っていうのは、ほ乳類の宿命なんじゃないか？　そう思うことがあります」

〈今日の様子だと、ハニコさんはまだ、お姉さんの死から立ち直ってないように感じました。また、村で自殺を企てる可能性があるんじゃないでしょうか〉

「そうですね。でも、絶対にハニコさんに死んで欲しくないんです。彼女だけじゃない。この村にやってきた人は、みんな心の傷を癒《いや》して立ち直って欲しい。切にそう願っています」

〈村人の自殺を未然に食い止める、何か具体的な方策はあるんですか〉

「もちろんあります。ちょっとこれを見てください」

　そう言うと、久根さんは立ち上がった。背後にある、〝しじんの詩〟が記された紙が貼られた襖《ふすま》を開いた。

「どうぞ、こちらへ」

　襖の奥にもう一つ部屋があった。カメラを回しながら、久根さんに続いてその部屋に入って行く。

　畳敷きの簡素な部屋。家具の類《たぐい》はあまりなく、部屋の真ん中に小さな座机がポツンと一つあるだけだ。だが窓側に目をやると、意外な光景が視界に飛び込んで来る。

　窓際に、テレビモニターが並べられているのだ。それも、二台や三台ではない。10

インチぐらいの小型モニターが十台以上もあった。それぞれのモニターには、共同炊事場がある広場や牧場、湖畔の休憩所や、集会所の大部屋、そしてハニコさんが自殺を図ったあの檜の木も映されている。

〈これは一体なんですか？〉

「自殺防止用のカメラの映像です。村人たちと話し合って、村の至る所に設置したんです」

村の各場所が映し出されているモニターの数々。その脇には、数台のビデオデッキやビデオテープ、家庭用の小型ハンディカメラなどの機材もあった。まるで、テレビの技術会社さながらの光景である。

「村の中での自殺を、少しでも食い止められればと思って、設置したものなんです。村人たちもみんな、このカメラのことは知っています。だから、監視の目的以上に、自殺の抑止力になればと思って取りつけたんですね。でも、実際に自殺を止めるのにも役立っていますよ。先日ハニコさんのあういうことがあったじゃないですか。あの時はたまたま私この部屋にいまして、モニターを見ていたら、ハニコさんに気づいたので、あのように未然に防ぐことが出来たわけです」

〈この方法で、自殺者は減ったんでしょうか〉

「確かに減りました。でも実際のところは、ちょっと複雑な心境なんですね。確かに自殺志願者を発見出来るし、止めることは出来るんですけど、それが本当の解決になっているのだろうかと考えることもあって……。自殺を食い止めるためには、その動機というか、死にたいという心を何とかしないと意味がないと思うんです。だからこれは一時的な効果っていうか……。このやり方だけでは、自殺を根絶することは出来ないと思っています」

2004年10月31日

〝じじんの村〟から望む山の色は、紅《あか》く色付いている。

私がこの村を訪れてまもなく1ヶ月になろうとしていた。もうすぐやってくる冬の気配が、この村にも訪れている。

だが一向に、ハニコさんの様子に変化が訪れる気配はなかった。相変わらず部屋の中に閉じこもったきり、外に出ることはなく、他の村人との交流もなかった。

村人たちにハニコさんの様子を聞いてみた。まずは、首にトレードマークのタオルを巻いた、坊主頭のシュウさん。相変わらず、カメラを向けると慌てたようにおどおどし始める。

〈ハニコさんの様子について、教えてください〉

「前よりは、ちょっと良くなったと思います。最近は、たまに部屋から出てきてね、一人でいるのとか見かけるけど。まあ、それでもやっぱり元気ないですね。僕らも心配しています」

今度は共同炊事場で、食器を洗っているフクさんにも同じ質問をしてみる。

「まあ、彼女一回自殺未遂しちゃってるからねえ、ちょっと心配ですけど。でも、あたしたちが見守ってるんで、大丈夫だと思いますよ」

2004年11月2日

それから数日して、珍しい光景を目撃する。

昼食後、紅葉の景色を撮影しようと思い、集会所の裏手にある展望台に向かっていた。

湖畔が一望できる、屋根付きの展望台。その場所で意外な人影を見かけた。展望台には何カ所か、食事したり休憩出来る、木製のログテーブルが設置してあるのだが、そこにハニコさんがいたのだ。彼女の姿を屋外で見るのは、あの自殺騒動の時以来である。さらにハニコさんの正面には、一人の男性が座っていた。

小ざっぱりしたシャツを着て、髪の毛を短く刈った若い男性。今まで他の村人たちと交流しようとしなかったハニコさんが、その青年の話にじっと耳を傾けていた。食い入るような真剣な顔で、青年の話を聞いている。

30分ほどすると彼女は立ち上がり深々と頭を下げるとその場から去って行った。私は早速、その男性に話を聞いてみることにした。

男性のハンドルネームは、〝Sカルマ〟さん。彼とは夕食の時などに、何度か話したことがあった。明朗快活な好青年である。

〈ハニコさんと何を話していたんですか?〉

「僕、去年からこの村にいるんで、ハニコさんのお姉さんのこと知ってるんですね。彼女、そのことを誰かから聞いたみたいで、お姉さんのことを教えて欲しいって言うんで、今話していたんです」

耳触りのいい、はっきりとした声で答えてくれたSカルマさん。この村に来る前、彼は某国立大学工学部の学生だったという。

〈Sカルマさんは、なぜこの村にやって来たんですか?〉

「なんか自分自身が生きている意味が、見えなくなったって思ってしまったんですね。大学にいてもそれが見つけられなくて……。普通に卒業して就職しても、たぶんそれって見えないだろう……それでこの村に来たんですね。この村に来たから、それが見つけられるのかって言うと、まだ答えは出てないんですけど……。だから、ハニコさんのお姉さんとはそういう話をよくしたんですよね。自分自身の存在意義、アイデンティティ、生きている意味、とか」

〈しじん（久根さん）については、どう思われますか？〉

「とてもすごい人だと思っています。物の考え方とか、見方とか、死生観とか、かなり影響を受けてますね。僕は今、しじんのもとで、詩集の編纂《へんさん》に参加しています。テーマはズバリ、〝自殺〟について」

〈ハニコさんのお姉さんはどんな方でした〉

「そうですね。ハニコさんに似て、すごく可愛い感じの女性でした。まさか自殺するなんて……。自分自身かなりショックでしたね。だから、僕もハニコさんにお姉さんみたいになって欲しくないから……。あ、そうだ」

〈どうしました？〉

「実は自殺する直前、ハニコさんのお姉さんから手紙貰《もら》ったんです」

〈その手紙、まだ持っていますか？〉

Sカルマさんは、ハニコさんの姉から送られてきた手紙を保管していた。

無地の封筒に入っていた、一枚だけの手紙。そこには肉筆の整った文字で、短い文章が綴《つづ》られていた。

〝みんなごめんなさい。
もうどうすることも出来ません。
愚かなことをします。ごめんなさい。
本当にごめんなさい。でも、
しじんの助けには本当に感謝しています。
この村に来て、本当によかった。
私は、一人じゃなかったのですから〟

それは死を決意した彼女の、最期の言葉だった。

2004年11月3日

翌日Sカルマさんは、お姉さんの手紙をハニコさんに渡すことにした。
展望台の真下に位置する湖畔の道。ハニコさんを伴って、Sカルマさんが歩いてきた。
展望台の上にカメラを構え、二人の様子を撮影する。

二人は、湖畔の水際の辺りで立ち止まった。Sカルマさんが、真剣な表情でハニコさんに話しかけている。揺れる水面《みなも》を背景に、向かい合う男女。シルエット気味の映像。まるで恋愛映画のワンシーンのようである。カメラの位置が遠いため、二人の声は聞こえてこない。だが、ズームを使って寄ると、表情ははっきりと見えた。Sカルマさんから話を聞いているハニコさん。明らかに動揺している。

ジーンズのポケットから、Sカルマさんが封筒を取り出した。彼女にそれを差し出す。ハニコさんは封筒を受け取ると、中から一枚の手紙を取り出した。彼女の目は、その手紙に釘付《くぎづ》けとなる。

姉が書いた最期の手紙。ハニコさんの両手が、少し震えている。今の彼女にとって、その手紙の存在を知らされるのは、辛《つら》すぎることだったのかもしれない。一通り目を通すと、ハニコさんは手紙から視線を外し、肩を揺らし始めた。

そんな彼女の心情を表すかのように、背景に映る湖の水面が、ゆらゆらと揺れている。

2004年11月6日

姉が自殺した、〝しじんの村〟。自らも命を絶とうと思い、ハニコさんはこの村にやってきた。そんな彼女が目の当たりにした姉の遺書。それは、心に傷を負ったハニコさんにとって、見たくないものだったのかもしれなかった。

だが、意外なことが起こった。あの手紙を見て以来、彼女は変わっていったのである。今までは、バンガローに閉じこもりがちだったハニコさん。だが最近は部屋を出て、頻繁に外出するようにまでなっていた。

この日もハニコさんは、展望台の木製のテーブルに座り、誰かと語り合っている。正面に座っているのは、あのSカルマさんだ。楽しそうに、Sカルマさんと話す彼女。その顔には、時折笑みが浮かんでいる。初めて見たハニコさんの笑顔。テーブル越しに楽しそうに語らう二人の姿はまるで、恋人同士のようにも見える。Sカルマさんもまんざらでもない様子である。

Sカルマさんを摑《つか》まえ、今の心境をカメラの前で語ってもらった。

〈どうですか、彼女の様子は〉

「そうですね、変わったと思います。僕も彼女と接することで、勇気づけられてるっていうか……そういう感覚があって」

〈ハニコさんは、Sカルマさんのことが好きなんじゃないですか〉

「それはどうでしょうか？　そういうことは彼女に聞いてみないと……」

〈何かそんなふうにも見えますけど〉

その言葉を聞いて、Sカルマさんは顔を赤らめた。

「そうですかね。だといいですけど」

〈じゃあSカルマさんは彼女のことを、どう思っているんですか〉

「え、いや……こんなこと言うんですか。カメラの前で言うんですか、ま、いいですけど。好きですよ。はい」

照れくさそうに答えるSカルマさん。その顔は真っ赤に染まっている。

「ちょっとホントそういうの、言わないでくださいよ、彼女とかに」

〈もうテープ回ってますから〉

「マジですか、やめてくださいよ。ホントもう」

2004年11月7日

Sカルマさんとの心のふれあい、そのことが彼女を大きく変化させた。

ハニコさんは積極的に、村の人たちとも交流するようになってゆく。朝食や夕食にも参加して、炊事や洗濯も手伝うようになった。

今日は、牧場で飼っている牛の世話である。カメラも同行する。

村の一番高台にある牧場。3頭の乳牛が、村人たちによって飼育されていた。大きなバケツに入った干し草を持って、久根さんと村人たちがやってくる。その中に、首に白いタオルを巻いたハニコさんの姿があった。

3頭の中で一番小さい牛がハニコさんに近寄って来る。慣れない手つきで、干し草を与えようとした。その途端、牛に手をベロッとなめられ、ハニコさんは小さな悲鳴を上げている。

休憩時間の際、彼女から話を聞くことが出来た。

カメラの前に立つハニコさん。背後では3頭の牛が草を食べている。

〈今の心境をお聞かせ願えますか〉

「そうですね……わりと、いいと思います」

〈元気そうですね〉

「はい。村の方たちから、色々と話を聞くことが出来て……特にSカルマさんとお話しさせていただいて、私が知らなかった、知りたかった、姉の様子を色々と教えてもらい……ちょっと安心したというか、ホッとしたというか。そういう感じです」

少しはにかんだ表情を浮かべ、答えてくれたハニコさん。その顔には生気が蘇《よみがえ》り、笑顔もこぼれていた。彼女のバンガローの部屋で初めて話をした時とは、印象が全く違っている。

〈この村に来てよかったですか〉

「はい、よかったと思います。村の人たちもみんないい人ばかりで、しじんさんにも、ホントよくしてもらって。この村には、色んな人がいて、動物もたくさんいて、今日みたいにみんなで世話したりとかして……たぶん姉もここにいた時、こんなふうに過ごして、一人じゃなかったんだなって思うと、気持ちも落ち着くんです。私にとって、ここでの時間はプラスになっていると思います」

　インタビューを受けるハニコさんの背後。村人のフクさんとシュウさんも、その様子を眺めている。

　その後もハニコさんは、牛の世話にいそしんだ。干し草を手に取り、乳牛の口に入れる。その手つきは、徐々にさまになってきている。時折、ハニコさんの顔からこぼれる微笑み。それは〝しじん〟こと久根さんにとって、何にも替えがたい、かけがえのないものであるに違いない。

　久根さんにカメラを向けて、今の心境を聞く。

〈ハニコさん明るくなりましたね〉

「はい。ちょっと、ほっとしてます」

〈なぜ、彼女は変わったんでしょうか〉

「そうですね……彼女と同じような、心に傷を持つ人と触れ合ったことで、トラウマって言うんですか、そういうものを克服して、立ち直ったんじゃないかと思いますね」

〈それは、Sカルマさんの存在ですか〉

「そうですね。この村の本来の目的も、そういうところにあるんです。だから、ああやって彼女が元気になったのを見ると、ホントにあの……やっててよかったなと思いますね」

感極まる久根さんの表情をアップでとらえる。目頭は熱くなり、その目には光るものが滲《にじ》んでいる。


この村にやってきて、今日でちょうど1ヶ月である。

元気に立ち直ったハニコさんの姿を見て、自分の取材もそろそろ終わりに近づいて来たことを悟る。

自殺を決意した一人の女性。同じ傷を抱えた村人たちとの交流の中で、彼女は成長していった。〝しじんの村〟。そこは、現代人が失った何かがある、癒《いや》しの村である。

そんなメッセージで、このVTRを締めくくろうと思った。機械化された文明社会へのアンチテーゼとも言える、良質のドキュメンタリーに仕上がるだろう。よって〝しじんの村〟の撮影は、今日で終了となる。

その日の夜、東京に戻ってきた。久しぶりに自宅で熟睡する。明日から編集作業が待っている。

2004年11月13日

その連絡を受けて、一瞬我が耳を疑った。

午前9時45分。携帯電話を持つ手は震えている。電話は久根さんからである。携帯電話を切って、自宅のデスクに座り込んだ。〝しじんの村〟の取材は終わったはずだった。ハニコさんの回復を目の当たりにして、取材も一つの区切りがついたと思っていた。まさか、こんなことになるなんて。想像すら出来なかった。

いても立ってもいられなくなった。気がつくと、カメラ機材が入ったディパックを手に自宅を出て、ミニバンのハンドルを握っていた。

高速を飛ばし、2時間半で〝しじんの村〟に到着した。車をいつもの駐車スペースに停めて、村の中へ入って行く。

広場には誰もいなかった。炊事場や洗濯場にも人の姿はない。ハンディカメラを起動させ、集会所へと向かう。

扉を開けて、集会所の中に入った。1階の大部屋では数人の村人たちが沈痛な面持ちで、テーブルを囲んでいた。肩を落としてすすり泣いている人もいる。私がやってきても、誰もカメラの方に視線を向ける者はいない。

今朝、村人の一人の遺体が、湖から発見されたのである。

亡くなったのは、あのSカルマさんだった。

実は昨日夜から、Sカルマさんの行方がわからなくなっていた。村人たちが深夜まで捜索したのだが、結局見つからず、久根さんが警察に通報した。警察が捜索をはじめて2時間ほどした頃、湖に浮かぶ彼の遺体が発見されたのだ。

Sカルマさんの死因は、溺死《できし》である可能性が高いという。遺体発見後、Sカルマさんの部屋を捜索、彼の荷物の中から自殺をほのめかすような文章が発見された。警察は彼の死を自殺と見ているらしい。久根さんは現在、警察署で事情を聞かれている。

突然、一人の仲間を失った村人たち。集会所の大部屋は静まりかえり、誰も言葉を発する者はいなかった。聞こえてくるのは、部屋の隅ですすり泣く、フクさんの声だけである。

一体なぜSカルマさんは、自らその命を絶ったのか？　信じることが出来ない。明るく快活な青年だった。自殺する兆しなど、微塵《みじん》も感じられなかった。ハニコさんも、彼の存在によって立ち直ったのだ。一体なぜSカルマさんは、自殺なんかしたのだろうか？

「うあ〜〜〜〜〜〜〜〜〜〜〜〜〜〜」

突然、シュウさんが絶叫する。叫びながら立ち上がると、壁に貼られた詩が書かれた紙を、次々と剝《は》がしていった。

「やめろ！　シュウ、シュウ!!」

村人たちが立ち上がり、詩を破いて行くシュウさんを止めようとする。

制止を振りほどき、しじんの詩を破いて行くシュウさん。全て破き終えると、嗚咽《おえつ》の声を上げて畳の上に崩れ落ちた。握り拳《こぶし》で畳を何度も叩《たた》きながら、泣き叫んでいる。

「うあ〜〜うあ〜〜うあ〜〜〜〜〜〜」

喧噪《けんそう》の中、フクさんは一人部屋の片隅に力なく座り込んでいる。泣きはらしたその目からは、涙が枯れることなくあふれ出ていた。

Sカルマさんの訃報《ふほう》は、ハニコさんにも伝えられた。彼女に、そのことを伝えた村人によると、何も言葉はなく、無言のまま自分のバンガローに戻っていったという。そしてその日以来、再び彼女は部屋に閉じこもり、その姿を外で見ることはなくなったのである。

2004年11月20日

Sカルマさんの死から、1週間が経過した。警察は遺書の存在や、遺体の状況などから鑑《かんが》みて、彼の死を自殺と断定した。

ハニコさんは、あの日以来閉じこもったきりである。食事も、ほとんど手をつけていない。

久根さんは、彼女と対話を持とうと、何度か彼女の部屋を訪れた。しかし、ハニコさんの心は以前にも増して、固く閉ざされていた。

ハニコさんの部屋から、久根さんが出てきた。その表情は険しい。ここ最近あまり睡眠をとっていないらしく、目の下にはうっすら隈《くま》も見える。Sカルマさんの死。「村人が自殺することが一番辛《つら》い」と語っていた久根さんだけに、その胸中はいかばかりか計り知れない。

〈ハニコさんの様子はどうですか〉

カメラを向けて質問する。少し考えてから、力なく答えた。

「ちょっと心配ですね」

小さなため息をつくと、久根さんは言葉を続けた。

「Sカルマ君が、ああいうことになってしまって。彼は、ハニコさんの心の支えだったので……。あんまり考えたくはないんですけど、ハニコさんが自らまた命を絶とうとするんじゃないかって、そのことが一番心配ですね。死を決意した人間は、私にはわかるんです。そういう意味で彼女は、非常に危険な状態にあると思います」

午後11時を回った。もうほとんどの住民が寝静まっている。

バンガローの部屋で、今日撮ったビデオテープの整理をしていた。ラベルにテープナンバーと、細かい撮影内容をボールペンで書き加えていた。

テープの整理も一通り終わり、床に就こうとしていたその時である。女性の悲鳴のようなものが聞こえてきた。最初は空耳かと思った。もしくは野猿か野鳥の鳴き声か何かだろうと……。だが再び、それははっきりと聞こえてきた。間違いない。女性の叫び声だ。私は、咄嗟《とっさ》にカメラを手に取り、部屋を飛び出した。

真っ暗闇の中、カメラに取りつけた小型のライトを点《つ》けた。村の広場へ出る。悲鳴を聞いた村人たちも、懐中電灯を手に集まっている。村人の一人をつかまえて聞く。

〈どうしました〉

「展望台の方ですね」

女性のわめき声は、集会所の裏にある展望台から聞こえてくる。村人たちとともに、そこに向かった。

集会所の裏手に回り込み、展望台の方にカメラを向ける。ライトが届かず、暗くて何も見えない。更に奥へ進んで行く。女性の声がする方向にカメラを向ける。ライトが当たり、展望台のすぐ手前にある檜《ひのき》の木が映し出された。暴れている女性。村人が取り押さえようとしている。女性はハニコさんで、枝に掛けたロープで首を括ろうとしている。彼女を引きずり下ろそうとしているのが、久根さんとフクさん、そしてシュウさんである。

「死なせて、死なせて」

そう叫びながら、ハニコさんは久根さんらの手を振りほどこうとする。

「放して、死なせて、死なせて」

地面に置かれた木箱に登ろうとするハニコさん。その身体を、必死で押さえ込んでいる久根さんたち。フクさんが叫ぶ。

「やめなさい！　何やってんの」

抵抗するハニコさん。久根さんたちの手を振りほどき、その場に倒れ込んだ。地面に伏したまま、激しく咳《せ》き込んでいる。ハニコさんの身体を抱きかかえるフクさん。彼女の腕の中で、ハニコさんはまるで呪文《じゅもん》のように、「死なせて、死なせて」と繰り返している。

じっと立ったまま、ハニコさんの様子を見ていた久根さん。彼女の傍にひざまずき、声をかける。

「死ぬって、どんなことか知っていますか」

落ち着いた声で、久根さんはハニコさんに語り始めた。

「死にたいって言っても、いざ目の前にその時が来たらね、必ず後悔する。やっぱり生きたい。生かして欲しいってね。必死に願うんだよね」

久根さんの言葉に耳を傾けながら、すすり泣くハニコさん。周囲には、村人たちが集まって、その光景をじっと見ていた。

そっとハニコさんの手をとって、久根さんはゆっくりと目を閉じる。そして、泣き崩れている彼女にこう告げた。

「死にたいのなら死ねばいい、生きたいのならば生きればいい……」

まるで祈りを捧《ささ》げるような口調で、久根さんは語りかけた。その言葉は、彼の部屋の壁に貼ってあった〝しじんの詩〟の一節である。

「あなたは自由なのだから……あなたを束縛するものはどこにも存在しないのだから。でも一つだけ知っていて欲しい。あなたを憎むものは、自分自身だけではないように、あなたを愛するものはあなた自身だけではないことを……それがほ乳類の宿命なのだから」

自作の詩を、ハニコさんの耳元で暗唱する久根さん。涙を流しながら、ハニコさんはしじんの言葉を聞いている。

村人たちも静かに、しじんの詩に耳を傾けていた。そんな中、久根さんを凝視しているフクさん。そしてシュウさん。

「君はね、君は……いつだって独りぼっちじゃないからね」

熱の帯びた声で、久根さんは語りかける。肩を震わせ、ハニコさんは泣き続けている。

「生きよ。生きようよ。ね」

そう言うと久根さんは、持っていたビデオカメラを左手に持ち替え、右手でハニコさんの手を取った。彼女の手を力強く握りしめ言う。

「生きよ、ね、生きよ、生きよ」

久根さんの目にも涙が光っている。

ハニコさんがゆっくりと顔を上げた。久根さんの方を見る。途端に大粒の涙があふれ出し、嗚咽《おえつ》の声を上げて泣き崩れた。

そんなハニコさんを優しく見守っている、〝しじんの村〟の村人たち。傷ついた自分の心を彼女に重ね合わせ、すすり泣く者もいる。

その後ハニコさんは、フクさんに連れられて、自分のバンガローに戻っていった。フクさんにお願いして、室内での彼女の様子を撮影してもらう。

バンガロー内の映像——

涙が止まらない様子のハニコさん。バンガローの壁にもたれて、流れる涙を手で拭《ぬぐ》っている。

しばらく泣き続けた後、彼女は一言、こうつぶやいた。

「……もう何がなんだか、わからなくなった……」

2004年11月21日

〝じじんの村〟からハニコさんの姿が消えた。

今朝方、朝食を持って村人がバンガローを訪れると、彼女の姿と荷物は既になかった。残されていたのは、一通の手紙だけ。


〝自分を見つめ直して、もう少し生きてみようと思います。

色々とありがとうございました。〟


村を去ること……。

それが、彼女が出した結論だった。

「彼女はもう、大丈夫だと思います。この先、どんなことがあっても、彼女の中にはもう、死という選択肢はないでしょう。ぼくはそう信じています」

澄み切った顔で、久根さんがカメラの前で語る。

〈ハニコさんは、立ち直ったということなんでしょうか〉

「そうですね。彼女はこの村に来て、色んな体験をした。そして自分自身の中にある闇と正直に向き合って、苦しみながらもそれを乗り越えていったんです。私としては、こんなに嬉《うれ》しいことはないですね」

〈しじんのお陰ですね〉

「いや、私だけの力じゃありません。みんなのお陰です。この村のみんながハニコさんを救ったんです。私はそう思っています」

そう言うと久根さんに、満面の笑みが浮かび上がった。

「私はこれからも、自殺志願者の手助けをしていきたいです。しじんとして。これからもずっと、そうやっていきたいと思っています」

※　　※　　※

こうして、私の〝しじんの村〟の取材は終わった。

心に傷を抱えた人が集まった共同体、〝しじんの村〟。

その村にやってきた、一人の自殺志願の女性。生きることの意味を問い続け、苦悩する日々。心通わせた村人の死。だがしじんと村人たちの支えによって、彼女は再生した。

ドキュメンタリーとして、素晴らしい映像を撮ることが出来た。この取材テープを編集して、すぐにでも放送したかった。だが問題があった。

ハニコさんと連絡が取れない、ということである。聞いていた携帯番号に電話しても、誰も出なかった。留守電を残しても返事はない。物語の主役ともいうべき彼女の許諾がないまま、放送することは出来ない。村にはハニコさんの本名や現住所など、本人を特定する手掛かりは残っていなかった。名刺を渡しているので、こちらの連絡先は知っているはずだ。彼女からの連絡を待つしかなかった。

さらにもう一つ、このVTRがお蔵入りとなった決定的な理由があった。よって、この〝しじんの村〟を取材したドキュメンタリーは、放送されることはなかった。

2006年9月11日

東京都・世田谷《せたがや》区。

午後3時。陽の光がまぶしい。

ハンディカメラ片手に、住宅街のとある公園にいた。ここである人物と待ち合わせしている。

3時を少し回った頃、その人物がやって来た。公園の石畳の階段をゆっくり下りてくる女性。ハニコさんである。

「お久しぶりです」

恥ずかしそうに笑顔で会釈するハニコさん。

2年ぶりの再会だった。

半袖のチュニックブラウスにジーンズ。以前と比べると、少しふっくらとした印象である。髪の色も以前よりも明るい感じがする。

〈お久しぶりです、お元気そうですね〉

「そうですか」

照れくさそうに、ハニコさんは微笑んだ。

実は数日前、彼女から連絡が入ったのだ。気持ちの整理をつけるのに時間がかかったが、今なら話せるという。2年ぶりのインタビューが始まった。

〈今、どうされてるんですか〉

「アルバイトして暮らしてます。学費を貯めて留学しようかなって考えているんです」

〈〝しじんの村〟のこと、思い出しますか〉

「もちろんです。一生忘れることが出来ません」

〈どうして、あの時、自殺を思い留まることが出来たんですか〉

「う〜ん。そうですね……」

考え込むハニコさん。しばらくするとカメラの方をはっきりと見据え、答えた。

「あの時は、本当に死んでしまおうと思っていました。みんなに止められなかったら、死んでいたと思います。けど、しじんさんの言葉を聞いて、ふと、生きてみたらどうなるんだろうって、考えることが出来て……。しじんさんの詩を聞いていたら、死ぬっていう選択肢以外のことが、浮かび上がってきたんです」

〈村を出た後、自殺しようって考えたことはありますか〉

「それは、ありませんね。今ももちろん悩むこともあるし、どうしたらいいんだろうって詰まっちゃう時もあるけど、どんなに辛《つら》くても、〝しじんの村〟で生きるっていうことの意味を知ることが出来たので、……もう大丈夫です」

屈託のない澄み切った顔で、ハニコさんは微笑んだ。2年前、苦悩していた頃の彼女とは、まるで別人のようである。

「もうこの世にはいないけど、今でも姉は私を愛してくれてると思うし、Sカルマさんも見守ってくれてると思えるから、二人の分も頑張って、きちんと生きていこうと思います」

輝くような笑顔で答えてくれたハニコさん。2年ぶりに会った彼女は、見違えるような素敵な女性になっていた。かつて、〝死に魅入られていた〟とは全く思えないほど……。

インタビューが終わり、ハニコさんは去って行った。カメラは、初秋の陽差しの中を去って行く、彼女の後姿をとらえていた。

〝大好きだった姉の死〟〝Sカルマさんの死〟。そこには、大切な人びとの死を乗り越えて立派に成長した、一人の女性の姿があった。

2006年9月12日

翌日、私は2年ぶりに〝しじんの村〟を訪れることにした。

早朝に東京を出発、長野自動車道を××インターで降りる。20分ほど国道を走り、そこから山道に入った。初めて〝しじんの村〟にやって来た、あの時の記憶がいろいろと蘇《よみがえ》ってくる。

山道沿いの駐車スペースに車を乗り入れた。車を降りて少し歩く。細い山道の入口の前で立ち止まった。しじんの村に続く山道である。入口の楡《にれ》の木の枝には、村の看板が未《いま》だ遺《のこ》されている。だが看板は斜めに傾き、腐蝕《ふしょく》していた。表面の筆文字は色褪《あ》せて劣化が著しい。

木々に囲まれた山道を進んで行くと、村の光景が目に入ってきた。建ち並ぶ十数軒のバンガロー村。その中心を流れる小川のせせらぎ。洗濯物を干したり、バーベキューをしたりして楽しんでいた村の広場も見える。

だがそこには村人の姿はなかった。それだけではない。物干し竿《ざお》に干してあった洗濯物も、共同炊事場から立ちのぼる湯気も、夕餉《ゆうげ》の香りも、彼らが生活していた痕跡《こんせき》は消え失《う》せていた。

〝しじんの村〟は、2年前に閉鎖されたのである。

ハニコさんが村を去って、しばらくしてからのことだ。この村の村長であり、主宰者だった〝しじん〟こと、久根仁さんが、村の裏手の湖から遺体となって発見されたのだ。

警察は、周囲の状況から久根さんの死を自殺と断定した。

取材対象者である、久根さんの突然の自殺。この予期せぬ事態が、1ヶ月以上に亘《わた》って取材した映像が放送禁止となった、決定的な理由だった。

〝自殺志願者の手助けをしたい〟。

カメラの前で、力強く語っていた久根さん。

一体なぜ彼は、自らその命を絶つようなことをしたのだろうか？　監視カメラを仕掛け、村人の自殺を食い止めようとしていたにもかかわらず。常に死と向き合い、自殺志願者のハニコさんの心を救った〝しじん〟。そんな彼が一体なぜ……。

久根さんの死亡により、〝しじんの村〟は閉鎖された。現在、村には誰一人いない。近くこの施設の取り壊しが、決定しているという。

人っ子一人いない〝しじんの村〟。

この村に滞在した1ヶ月間の出来事が、まるで幻のように思える。

斜めに傾いている〝しじんの村〟の看板が、〝しにんの村〟に見えた。

素材テープ・スクリプト（書き出しメモ）、一部抜粋

・久根さんを凝視しているフクさん。そしてシュウさん。
・3年前ですかね。すごく大切な人がいなくなって……
・個人的に辛《つら》い出来事がありまして……。
・しじんの詩——
『人が最も美しい時
それは生と死の間』
『ね　ね　ね　ね』
・私はこれからも、自殺志願者の手助けをしていきたいです。

あとがき　放送禁止について

『放送禁止』は、2003年から放送が始まったテレビドラマである。不定期に六本制作され、映画版も公開された。本作は、テレビ版の「ある呪われた大家族」「ストーカー地獄編」「しじんの村」をもとに書いたルポルタージュ風の小説である。よって物語の内容はフィクションであり、登場人物や団体は一部を除いて架空のものだ（劇中に登場する専門家には実際に取材して、本当にあった出来事のように解説してもらった）。

深夜遅くの放送にもかかわらず、『放送禁止』シリーズは、視聴者から大きな反響を得ることが出来た。映画版も単館を中心とした公開だったのだが、三本も作らせてもらい、『放送禁止』は、私の代表作と言える作品となった。今回の文庫化を機に、本シリーズが誕生した経緯と各作品について、記憶を辿《たど》ってみたいと思う。

「放送禁止」（2003年4月1日放送）

2002年秋、フジテレビの編成担当にある企画を提出した。「緊急生中継！　お台場《だいば》に未確認飛行物体が襲来した。フジテレビをUFOが襲撃!!」。ゴールデンタイムの2時間番組の企画である。オーソン・ウェルズの「火星人襲来」（1938年、アメリカの俳優オーソン・ウェルズが、臨時ニュース風に火星人襲来を告げるラジオドラマを放送し、本物のニュースと間違われ大騒ぎになった）の現代版として企画した。編成担当は、今まで見たことがない新しい番組になると会議に出したのだが、上司から「ゴールデンでそんな番組出来る訳ないだろ」とあっさり却下。深夜番組として考え直すように言われた。

丁度4月1日の深夜枠が空いていた。そこで、エイプリルフールの特別企画として『放送禁止』が制作されることになった。何らかの理由で放送禁止となり、テレビ局のテープ倉庫に眠っているお蔵番組。それを発掘し放送するといった体裁の、フェイクドキュメンタリーである。都内某所の廃ビルで次々と起こった失踪《しっそう》事件。その事件を取材した、放送中止となったドキュメンタリー番組……。オカルト、心霊、超能力、UFO！　何でもありのやりっ放し深夜ホラー番組になる予定だった。だが撮影を数日後に控えたある日、制作に加わったプロデューサーの一人が、シナリオに苦言を呈した。「正直言うと、自分はUFOとかホラーが嫌いだ」。そのプロデューサーは、実は非科学的なことに興味がないと告白。何でもありなら、現実に起こり得るミステリー的な部分も加えてみてはどうかと提案した。「オカルトに思えた事件が、別の角度から見ると、実は条理に則《のっと》った事件であった」という風な仕掛けである。

こうしてミステリーの要素も加味され、『放送禁止』が誕生した。オカルト的な結末で終わるが、伏線を丁寧に辿ってゆくと「もう一つの真実」にたどり着く。だが本当の結末は番組内では明かさず、視聴者の想像に委《ゆだ》ねるという形式である。

「放送禁止2　ある呪われた大家族」（2003年6月7日放送）

第一弾を放送してすぐ、編成担当から「もう一度『放送禁止』をやらないか？」という打診があった。深夜3時からの枠が空いたからだという。一夜限りの特別企画のつもりだったが、再び『放送禁止』に取り組むことになる。前作で生まれた〝隠された真実があるフェイクドキュメンタリー〟という切り口をさらに際立たせ、第二弾のテーマは「大家族」で行こうという話になった。私自身、何度か大家族のドキュメンタリー番組に携わったことがあり、放送できないような場面を目にしたことがあった。その時の経験をもとに、シナリオを書いた。大家族〝浦《うら》家〟の取材に訪れたカメラクルー。そこで巻き起こった恐ろしい現象。劇中で登場する心霊写真は、実際にネット上に出回っている、ホンモノの心霊写真を使った。深夜遅くからの放送で、ほとんど見ている人はいないだろう。視聴率も気にせず、思い切って自由な発想で作らせてもらった。本作で『放送禁止』の基本形は完成する。

「放送禁止3 ストーカー地獄編」（2004年3月26日放送）

翌年、編成担当から「また『放送禁止』をやろう」という提案があった。番組の認知度はほとんどなかったが、制作者側が『放送禁止』を作りたい、という思いが強かったからだ。第三弾は、当時深刻な社会問題となっていた、「ストーカー」をテーマにした。タイトルはATG映画の『初恋・地獄篇』（1968年、寺山修司《てらやましゅうじ》脚本、羽仁進《はにすすむ》監督・脚本）から想を得ている。この時期から、インターネットを中心に、じわじわと反響が感じられるようになった。

「放送禁止4 恐怖の隣人トラブル」（2005年10月13日放送）

第四弾は、「ご近所トラブル」を題材に制作された。隣人の嫌がらせの一部始終に密着したドキュメンタリー。隣家の主婦によってかけられた〝呪い〟により、カメラの前で夫は死亡する。本作が放送されると、テレビ局に問い合わせが相次いだ。偶然見た視聴者が、本物のドキュメンタリーと勘違いしたというのだ。以前から、『放送禁止』には、そういった苦情は多かったが、この「隣人トラブル」編はそれが顕著だった。事態を重く見た局の上層部が、『放送禁止』とはどんな番組か見せるように、編成担当に詰め寄った。今まで深夜にこっそり、人目につかないところで放送していた。それがついに、上司にバレてしまったのだ。だが番組を見た上司は、『放送禁止』

という企画に理解を示してくれた。ドラマでもドキュメンタリーでもない切り口に、テレビ番組の新しい可能性を感じたという。よって『放送禁止』は、本当に放送禁止になる憂き目から逃れることが出来た。

「放送禁止5 しじんの村」（２００６年10月15日放送）

人気番組『あいのり』のような、恋愛ドキュメンタリーとして企画した。自殺志願者らが一台のワゴンに乗り、死に場所を求めて彷徨《さまよ》う。そんな道中で芽生える愛。その一部始終にカメラは密着する。当初は「自殺ラブワゴン」という仮題で進めていたのだが、「いくらフェイクとは言え、自殺志願者に密着した番組はまずい」ということになった。そこで本作のように、自殺を思い止まらせる癒《いや》しの集団「しじんの村」を取材するというストーリーに修正した。主人公ハニコに淡い恋心を抱く青年のハンドルネームを考えている時、ふと〝Sカルマ〟という名前が思い浮かんだ。〝Sカルマ〟とは、安部《あべ》公房《こうぼう》の小説『壁—S・カルマ氏の犯罪』（新潮文庫）の主人公の名前である。そこから引用させてもらったのだが、放送後、ネットの掲示板にある書き込みを見つけた。それは、本作と安部公房の短編「詩人の生涯」（新潮文庫『水中都市・デンドロカカリヤ』所収）との関連について言及するものだった。「詩人の生涯」は安部公房の初期の作品で、不条理な叙情性にあふれた傑作である。学生時代に読んでいたが、「しじんの村」のシナリオを書いている時は意識していなかった。ストーリーに何か叙情性を醸し出したいと考えていたが、深層心理にいた安部公房が影響を及ぼしたのだろう。だから〝しじん〟や〝Sカルマ〟という名前が出てきたのだ。

「放送禁止6 デスリミット」(2008年6月23日放送)

ほんの出来心から、夫の殺害を復讐《ふくしゅう》サイトに依頼してしまった主婦。彼女を取材する、やらせ疑惑のあるフリーディレクター。主婦は殺害依頼を解除しようと試みるが、復讐サイトと一切連絡が取れなくなった。夫殺害の〈デスリミット〉は、刻一刻と近づいてくる……。「復讐サイト」と「やらせ問題」をテーマにした作品。本作は劇場版と連動した形で企画された。放送後、例によって視聴者からの問い合わせが殺到する。現時点でこの作品が、テレビ版の最終作となった。

「放送禁止 劇場版～密着68日復讐執行人～」(2008年9月6日公開)

劇場版第一作として製作された。「デスリミット」に登場した、復讐サイトの主宰者に密着したフェイクドキュメンタリー。カメラの前では仮面を被《かぶ》った主宰者の女性、〝シエロ〟と名乗る彼女の正体とは……。映画の一部が、「デスリミット」の物語を別の視点から撮影した映像になっており、テレビ版で明かされなかった意外な事実が判明する。復讐にとり憑《つ》かれた女の行動を軸に、「法」と「人類の原罪」をテーマに据えた。

「放送禁止 劇場版〜ニッポンの大家族〜」（2009年7月11日公開）
映画版第二弾は、あの大家族〝浦家〟の7年（前作の放送からは6年）後の姿が描かれることになった。数々の映画祭で賞を取ったカナダの映像作家、ベロニカ・アディソンが日本の大家族のドキュメンタリー映画を撮ったという設定である。もちろんベロニカ・アディソンは架空の人物だ。父親が失踪した浦家。母は再婚し、新しいお父さんがやってきた。だが子供たちは彼を父と認めず、虐待をくり返す……。6年ぶりにキャストを集めるのに苦労した。中には事務所を辞め、連絡が取れなくなった俳優もいた。ほぼ前作のキャストを集めることが出来たのだが、出演が敵《かな》わなかった俳優の役は、似ている役者をオーディションで探した。

「放送禁止 劇場版 洗脳〜邪悪なる鉄のイメージ〜」（2014年10月11日公開）
前作から5年ぶりに公開された映画版の第三弾。ある人物から洗脳されて、夫や子供を失った主婦。〝脱洗脳〟のスペシャリストが、強い洗脳状態にあった彼女の治療に取り組むことになった。主婦の家に泊まり込み、その一部始終を撮影する友人の女性ジャーナリスト。洗脳が解かれた時、信じられない真実が明らかとなる……。前作から期間が空いたのは、シナリオ作りに試行錯誤したためである。メインの女性キャストを選ぶのにも時間を要した。この作品の役柄を演じるには、レベルの高い演技力が必要だったからだ。お陰で満足できる作品に仕上がった。

この小説版は、２００９年に出版された『放送禁止』（角川学芸出版）を加筆修正したものである。当時私は、『放送禁止』の手法を文字に置き換え、フェイクルポルタージュのような小説にできないかと考えていた。そこで「ある呪われた大家族」「ストーカー地獄編」「しじんの村」を、ディレクターの取材メモという形で文章化し、出版させてもらった。この手法は、小説版の『放送禁止』とも言える『出版禁止』（新潮社）に応用することができた。

先にも述べたように、『放送禁止』は私の代表作であり原点である。これからも機会があれば、『放送禁止』を作り続けていきたいと思っている。それがテレビなのか、映画なのか、小説なのかはわからないけど。

２０１６年2月4日

長江　俊和

本書は二〇〇九年七月に角川学芸出版より刊行された単行本を文庫化したものです。
この作品はフィクションです。実在の人物、団体等とは一切関係ありません。

放送禁止《ほうそうきんし》
長江俊和《ながえとしかず》

角川ホラー文庫 19518

平成28年3月25日 初版発行
令和7年9月25日 18版発行

発行者——山下直久
発　行——株式会社KADOKAWA
〒102-8177 東京都千代田区富士見2-13-3
電話 0570-002-301（ナビダイヤル）
印刷所——株式会社KADOKAWA
製本所——株式会社KADOKAWA
装幀者——田島照久

●お問い合わせ
https://www.kadokawa.co.jp/（「お問い合わせ」へお進みください）
※内容によっては、お答えできない場合があります。
※サポートは日本国内のみとさせていただきます。
※Japanese text only

ISBN978-4-04-102819-3 C0193

角川文庫発刊に際して

角川源義

第二次世界大戦の敗北は、軍事力の敗北であった以上に、私たちの若い文化力の敗退であった。私たちの文化が戦争に対して如何に無力であり、単なるあだ花に過ぎなかったかを、私たちは身を以て体験し痛感した。西洋近代文化の摂取にとって、明治以後八十年の歳月は決して短かすぎたとは言えない。にもかかわらず、近代文化の伝統を確立し、自由な批判と柔軟な良識に富む文化層として自らを形成することに私たちは失敗して来た。そしてこれは、各層への文化の普及滲透を任務とする出版人の責任でもあった。

一九四五年以来、私たちは再び振出しに戻り、第一歩から踏み出すことを余儀なくされた。これは大きな不幸ではあるが、反面、これまでの混沌・未熟・歪曲の中にあった我が国の文化に秩序と確たる基礎を齎らすためには絶好の機会でもある。角川書店は、このような祖国の文化的危機にあたり、微力をも顧みず再建の礎石たるべき抱負と決意とをもって出発したが、ここに創立以来の念願を果すべく角川文庫を発刊する。これまで刊行されたあらゆる全集叢書文庫類の長所と短所とを検討し、古今東西の不朽の典籍を、良心的編集のもとに、廉価に、そして書架にふさわしい美本として、多くのひとびとに提供しようとする。しかし私たちは徒らに百科全書的な知識のジレッタントを作ることを目的とせず、あくまで祖国の文化に秩序と再建への道を示し、この文庫を角川書店の栄ある事業として、今後永久に継続発展せしめ、学芸と教養との殿堂として大成せんことを期したい。多くの読書子の愛情ある忠言と支持とによって、この希望と抱負とを完遂せしめられんことを願う。

一九四九年五月三日

無惨百物語

みちづれ

黒木あるじ

あなたの日常は、本当に平穏ですか――?

〈怪異〉は、私たちの日常のかたわらに潜んでいる。携帯電話に登録されていた見知らぬ連絡先。不審死が連続するアパートの一室。浴槽の下に落ちていた古びた人形。神社に奉納されていた黒い絵馬。遊園地跡の廃墟に残された観覧車。家の周囲を走り続ける足音……。違和感に一度気づいてしまったが最後、あなたも非日常へ「みちづれ」となる――。怪異に魅入られてしまった人々が遭遇した、理不尽で恐ろしい百の実体験談。

角川ホラー文庫

ISBN 978-4-04-104464-3

夜葬

最東対地

読み出すと止まらない怖さ！

ある山間の寒村に伝わる風習。この村では、死者からくりぬいた顔を地蔵にはめ込んで弔う。くりぬかれた穴には白米を盛り、親族で食べわけるという。この事から、顔を抜かれた死者は【どんぶりさん】と呼ばれた——。スマホにメッセージが届けば、もう逃れられない。【どんぶりさん】があなたの顔をくりぬきにやってくる。脳髄をかき回されるような恐怖を覚える、ノンストップホラー。第23回日本ホラー小説大賞・読者賞受賞作！

角川ホラー文庫

ISBN 978-4-04-104904-4

黒い家

貴志祐介

100万部突破の最恐ホラー

若槻慎二は、生命保険会社の京都支社で保険金の支払い査定に忙殺されていた。ある日、顧客の家に呼び出され、子供の首吊り死体の第一発見者になってしまう。ほどなく死亡保険金が請求されるが、顧客の不審な態度から他殺を確信していた若槻は、独自調査に乗り出す。信じられない悪夢が待ち受けていることも知らずに……。恐怖の連続、桁外れのサスペンス。読者を未だ曾てない戦慄の境地へと導く衝撃のノンストップ長編。

角川ホラー文庫

ISBN 978-4-04-197902-0